Ariel Haziot

Mouvement des dislocations dans l'hélium-4

Ariel Haziot

Mouvement des dislocations dans l'hélium-4

Étude du module de cisaillement et de la dissipation associée dans l'hélium-4 solide

Presses Académiques Francophones

Impressum / Mentions légales
Bibliografische Information der Deutschen Nationalbibliothek: Die Deutsche Nationalbibliothek verzeichnet diese Publikation in der Deutschen Nationalbibliografie; detaillierte bibliografische Daten sind im Internet über http://dnb.d-nb.de abrufbar.
Alle in diesem Buch genannten Marken und Produktnamen unterliegen warenzeichen-, marken- oder patentrechtlichem Schutz bzw. sind Warenzeichen oder eingetragene Warenzeichen der jeweiligen Inhaber. Die Wiedergabe von Marken, Produktnamen, Gebrauchsnamen, Handelsnamen, Warenbezeichnungen u.s.w. in diesem Werk berechtigt auch ohne besondere Kennzeichnung nicht zu der Annahme, dass solche Namen im Sinne der Warenzeichen- und Markenschutzgesetzgebung als frei zu betrachten wären und daher von jedermann benutzt werden dürften.

Information bibliographique publiée par la Deutsche Nationalbibliothek: La Deutsche Nationalbibliothek inscrit cette publication à la Deutsche Nationalbibliografie; des données bibliographiques détaillées sont disponibles sur internet à l'adresse http://dnb.d-nb.de.
Toutes marques et noms de produits mentionnés dans ce livre demeurent sous la protection des marques, des marques déposées et des brevets, et sont des marques ou des marques déposées de leurs détenteurs respectifs. L'utilisation des marques, noms de produits, noms communs, noms commerciaux, descriptions de produits, etc, même sans qu'ils soient mentionnés de façon particulière dans ce livre ne signifie en aucune façon que ces noms peuvent être utilisés sans restriction à l'égard de la législation pour la protection des marques et des marques déposées et pourraient donc être utilisés par quiconque.

Coverbild / Photo de couverture: www.ingimage.com

Verlag / Editeur:
Presses Académiques Francophones
ist ein Imprint der / est une marque déposée de
OmniScriptum GmbH & Co. KG
Heinrich-Böcking-Str. 6-8, 66121 Saarbrücken, Deutschland / Allemagne
Email: info@presses-academiques.com

Herstellung: siehe letzte Seite /
Impression: voir la dernière page
ISBN: 978-3-8416-2469-7

Copyright / Droit d'auteur © 2013 OmniScriptum GmbH & Co. KG
Alle Rechte vorbehalten. / Tous droits réservés. Saarbrücken 2013

Département de Physique de l'École Normale Supérieure
Laboratoire de Physique Statistique

École Doctorale de Physique de la Région Parisienne - ED 107

THÈSE DE DOCTORAT DE L'UNIVERSITÉ PARIS VI
Spécialité : Physique de la matière condensée

présentée par
Ariel HAZIOT

pour obtenir le grade de
DOCTEUR de l'Université Paris VI

Mouvement des dislocations dans l'hélium-4

Soutenue le vendredi 14 juin devant le jury composé de :

M. Christophe JOSSERAND	Président
M. Sébastien BALIBAR	Directeur
M. Henri GODFRIN	Rapporteur
M. Olivier HARDOUIN DUPARC	Rapporteur
M. Reyer JOCHEMSEN	Examinateur
M. John BEAMISH	Invité
M. Jacques FRIEDEL	Invité

École Normale Supérieure
Laboratoire de Physique Statistique
24, rue Lhomond
75231 Paris Cedex 05

École Doctorale 107
École Normale Supérieure
Laboratoire de Physique Statistique
24, rue Lhomond
75231 Paris Cedex 05

Résumé

Nous avons découvert que le module de cisaillement des monocristaux d'hélium-4 présentait une grande réduction dans une direction particulière quand les dislocations se déplacent librement. Cette "plasticité géante" (car due au mouvement des dislocations) apparaît à suffisamment basse température lorsque les phonons thermiques disparaissent et se poursuivrait jusqu'au zéro absolu si les impuretés d'^{3}He étaient supprimées. En étudiant des monocristaux d'orientations différentes, nous avons identifié le plan de glissement des dislocations : le plan de base de la structure hexagonale compacte. Dans la région de plasticité géante, nous n'avons détecté aucune dissipation et avons observé un comportement linéaire pour certains monocristaux jusqu'à 10 mK et pour des contraintes extrêmement faibles de l'ordre du nanobar. Cela indique que les dislocations se déplacent librement sans avoir à franchir de barrières de Peierls comme cela est supposé par la théorie de Granato-Lücke. Nous avons aussi démontré que l'amortissement apparaissant à plus haute température est causé par des collisions avec les phonons thermiques, ce qui nous a permis de mesurer précisément la densité (entre 10^4 et 10^6 cm^{-2} en fonction de la qualité des cristaux) et la longueur libre (entre 50 et 200 μm) des dislocations et de montrer que ces dislocations sont regroupées en sous-joints et étaient donc très peu connectées. Ces résultats réfutent la plupart des scénarios expliquant le possible état supersolide de l'hélium-4. Une dernière série de mesures nous ont prouvé qu'il existait une vitesse critique des dislocations en dessous de laquelle les impuretés accrochées à la dislocation se déplacent avec elle. Nous tentons de comparer ce comportement à celui des cristaux classiques.

Mots-clefs : Hélium solide - Dislocation - Plasticité - Acoustique

Dislocation motion in solid Helium-4

Abstract

We have shown that the shear modulus of Helium-4 single crystals is highly reduced in one particular direction if their dislocations are free to move. This "Giant Plasticity" occurs at low enough temperature where thermal phonons disappear and probably down to absolute zero if Helium-3 impurities are suppressed. By studying single crystals with various orientations, we have identified the gliding plane of the dislocations : it is the basal plane of the hcp structure. We found no dissipation in the giant plasticity region and a linear elastic behaviour for single crystals down to 10 mK and nanobar stresses. This suggests that dislocations are strings moving freely with no measurable Peierls barriers to overcome, as assumed in the Granato-Lücke theory. We have also demonstrated that the dissipation occurring at higher temperature is due to collisions with thermal phonons. It allowed us to measure precisely the dislocation densities (10^4 to 10^6 cm^{-2} depending on crystal quality) and lengths (50 to 200 μm) and to show that these dislocations are grouped in sub-boundaries, consequently poorly connected. These results rule out most existing scenarios for a possible supersolidity of solid Helium-4. A last series of experiments gave us the evidence for a critical dislocation speed under which the impurities bound to the dislocations can follow their motion. A comparison with classical crystals is interesting.

Keywords : Solid Helium - Dislocation - Plasticity - Acoustic

Remerciements

Cette thèse ponctue trois années de travail au Laboratoire de Physique Statistique du Département de Physique de l'École Normale Supérieure. Je remercie les différents directeurs M. Werner Krauth pour le Département de Physique et M. Eric Perez pour le LPS de m'y avoir accueilli.

Je suis très reconnaissant à Sébastien Balibar d'avoir dirigé ma thèse avec autant de disponibilité et d'investissement. D'un point de vue scientifique, son encadrement fut fructueux et l'expérience qu'il m'a transmise fut très importante pour ma formation d'expérimentateur. Par ailleurs, ses qualités humaines ont rendu ces trois années très agréables et amicales. Enfin ses qualités de cycliste m'ont fait découvrir avec enthousiasme le plateau de Chevreuse le dimanche matin. Je souhaite le remercier chaleureusement.

Cette thèse n'aurait pas été possible sans nos collaborateurs. J'aimerais remercier tout particulièrement John Beamish. Notre collaboration qui a duré près d'un an lors de sa visite dans notre laboratoire et qui continue toujours aujourd'hui fut sans nul doute un tournant décisif de ma thèse et nous n'aurions certainement pas obtenu nos résultats sans son aide. Sa présence régulière dans le laboratoire et ses nombreuses anecdotes ont permis de développer plus qu'une simple relation scientifique. Je remercie aussi Humphrey Maris qui n'a jamais hésité à user de ses compétences scientifiques pour nous aider à comprendre nos observations, en particulier lors de ses visites hivernales à Paris. Je remercie également les membres du jury qui ont critiqué le texte avec attention et rigueur.

J'aimerais remercier l'ensemble des membres de notre équipe, actuels et anciens mais qui ont tous contribué d'une façon ou d'une autre à ce travail : Xavier Rojas qui m'a transmis un frigo en bon état de marche, Andrew Fefferman, Fabien Souris, Kristina Davitt, Étienne Rolley, Claude Guthmann et Arnaud Arvengas.

Ce travail expérimental est aussi le fruit d'une collaboration avec l'ensemble des services techniques du Département de Physique sans qui il serait impossible de monter de telles expériences. Je remercie les membres de l'atelier de mécanique. José Da Silva Quintas, Carlos Goncalves Dominges et Eric Nicolau ont fabriqué mais aussi participé à la conception des cellules en cuivre nécessaires à l'étude des cristaux d'hélium. Habitués à travailler avec des chercheurs, leurs conseils et leur proximité nous ont permis d'éviter de nombreux défauts de fabrication. À ce sujet, je remercie aussi Nabil Garroum, l'ingénieur d'étude du LPS pour ses simulations numériques et ses nombreuses idées, la dernière ayant mené à la fabrication d'une cellule d'un nouveau genre. Un cryostat ne fonctionnerait pas sans fluides cryogéniques, je remercie donc particulièrement le service de cryogénie Francois-René Ladan, Olivier

Andrieu et Thierry Desvignes pour les 7578 litres d'hélium liquide fournis pendant ma thèse en dépit des nombreux problèmes de ravitaillement. Je remercie Didier Courtiade et son équipe Catherine Gripe, Célia Ruschinzik et David le Gallo pour les nombreux aménagements de la pièce S10, ainsi que pour tous les services rendus, professionnels et cyclistes. Enfin je remercie chaleureusement les gestionnaires Marie Gefflot, Annie Ribeaudeau, Nora Sadaoui et Alinh Rin-Tybenszky sans l'aide desquelles démarches administratives, commandes et missions deviendraient vite un enfer et sans qui l'immanquable café du jeudi ne serait pas.

Je remercie l'équipe du Laboratoire Kastler Brossel composée de Philippe Jacquier, Jacques Dupont-Roc, Jules Grucker, Fabien Souris et Qu An dit Békadou pour leur contribution à l'expérience mais surtout pour les nombreux déjeuners au pot et cafés chez Youssef passés à discuter d'autre chose que de physique.

Je remercie également tous les autres thésards du département avec qui j'ai eu le plaisir de partager des moments de détente mais aussi des discussions intéressantes. En particulier, merci à Arnaud et Xavier de m'avoir transmis l'esprit décalé de la S10. Je remercie Isabelle Motta, Swann Piatecki, Johann Herault et Benjamin Miquel avec qui nous avons organisé d'excellents séminaires, pourvu que ça dure ! Merci à l'équipe vélo Florent Alzetto, Carlo Barbieri, Étienne Bernard ainsi qu'Arnaud, Xavier et Sébastien pour toutes ces belles virées qui font sortir un peu le nez de la cave. Merci à Michael Rosticher de discuter souvent dans les couloirs.

Je voudrais aussi remercier l'ensemble des habitants officiels et officieux du passage Foubz qui fut notre repère pendant ces trois années et qui a disparu en même temps que mon titre est apparu. Pour toutes ces discussions de physique, de politique, de société, de musique, de littérature, de cinéma, de métaphysique, de botanique ou de n'importe quoi, merci à Maxence d'être un saltimbanque international, à Lucie d'être une baronne déchue, à Hugo d'être vieille, à Pedro de dire boujou en partant, à Lise de persister à être contre moi dans les jeux de société. Merci au 'conseil de coloc' d'avoir rythmé toutes mes journées, qu'il vive à jamais ! Je remercie aussi Matias avec qui j'ai fait mes premiers pas de chercheur en Afrique du Sud ce qui espérons le, nous mènera à deux belles carrières. Merci à Aurélien de m'avoir donné le goût du voyage sans lequel les conférences ne seraient pas suivies de ces quelques semaines supplémentaires. Enfin, je remercie Fabrice et sa bande d'éclaireurs de la Tombe-Issoire pour toutes ces soirées toujours selects et intellectuelles. Merci à vous tous qui avez rendu ces trois années parisiennes inoubliables.

Pour terminer, un grand merci à ma famille, mes oncles et tantes, cousins et cousines, pour leur soutien et pour le cadre qu'ils m'ont offert et dans lequel j'ai pu grandir, aimer et m'orienter vers la physique. Certes Papa, je ne construis pas de pont mais me voilà docteur tout de même. Merci beaucoup Maman pour l'extraordinaire buffet que tu as préparé le jour de ma soutenance.

Table des matières

Remerciements   iii

Table des matières   v

Introduction   1

1 Bases théoriques et historiques   3
  1.1 Notions de science des matériaux 3
    1.1.1 Qu'est ce qu'un cristal ? 3
    1.1.2 La loi d'élasticité linéaire 4
    1.1.3 Théorie des dislocations 7
  1.2 L'hélium-4 solide 21
    1.2.1 Superfluidité de l'hélium-4 21
    1.2.2 Un cristal quantique 22
    1.2.3 Science des matériaux et helium-4 solide 24
  1.3 De la supersolidité à la plasticité 27
    1.3.1 Une anomalie de rotation 27
    1.3.2 Une anomalie élastique 30
    1.3.3 Artefacts élastiques sur l'oscillateur de torsion 35
  1.4 Conclusion 37

2 Dispositif expérimental   39
  2.1 Cryogénie 39
    2.1.1 Le cryostat à dilution 39
    2.1.2 L'accès optique 42
    2.1.3 Régulation et amélioration du pot 1 K 47
  2.2 Calibration des thermomètres 50
    2.2.1 Une échelle de température internationale 50
    2.2.2 Description et assemblage du MCT 51
    2.2.3 Protocole d'utilisation 53
    2.2.4 Calibrations et conclusions 56
  2.3 Cellules expérimentales 58
    2.3.1 Description et conception de la cellule 58
    2.3.2 Dispositif de mesure 60
    2.3.3 Caractérisation des céramiques 62
    2.3.4 Méthode de mesure 67

		2.3.5	Résonances dans la cellule	69

2.4 Croissance des cristaux d'hélium 72
    2.4.1 Dispositif 72
    2.4.2 Différents types de cristaux d'hélium 73
    2.4.3 Orientation des monocristaux d'hélium 81

3 Mesures de cisaillement   85

3.1 Études préliminaires 86
    3.1.1 Mesures dans l'hélium superfluide 86
    3.1.2 Étude de la cristallisation 89
    3.1.3 Calibration des céramiques 91

3.2 Étude de l'état mou des cristaux 93
    3.2.1 Une plasticité géante 93
    3.2.2 Dépendance en amplitude et en pureté 94
    3.2.3 Comparaison de différents cristaux de "type 2" 95
    3.2.4 Cycles en amplitude d'excitation 98
    3.2.5 Discussion 99

3.3 Collisions avec des phonons thermiques 103
    3.3.1 La connaissance du réseau de dislocations 103
    3.3.2 Mesures à forte déformation 104
    3.3.3 Un modèle pour l'amortissement des dislocations 105
    3.3.4 Vérification expérimentale du modèle 106
    3.3.5 Densité et longueur libre des dislocations 107
    3.3.6 Discussion 109

3.4 Une vitesse critique pour les dislocations 110
    3.4.1 Deux approches différentes sur le rôle des impuretés 110
    3.4.2 Description du cristal Y3 111
    3.4.3 Mesures pour différentes fréquences et amplitudes 112
    3.4.4 Discussion 115

3.5 Conclusion et perspectives 123

Conclusion   125

Bibliographie   127

A Calculs nécessaires au MCT   131

A.1 Données techniques sur la cellule 131
A.2 Calcul du temps de thermalisation 131
A.3 Calcul de la pression de collage 132

B Publications choisies   135

Introduction

Un cristal est un solide formé d'atomes liés les uns aux autres de façon ordonnée. Il résiste élastiquement à une contrainte de cisaillement contrairement à un fluide qui coule. Tant que cette contrainte reste faible, la déformation qui en résulte est réversible et le solide retrouve son état d'origine dès que la contrainte est relâchée. Le module de cisaillement est le rapport de la contrainte sur la déformation. Cependant, si la contrainte augmente au-delà d'un certain seuil, un solide subit généralement une déformation plastique, caractérisée par la mise en mouvement de défauts du cristal appelés dislocations. Dans les cristaux classiques les déformations plastiques sont irréversibles et de faibles amplitudes. Dans les métaux par exemple, la plasticité apparaît typiquement pour des contraintes de l'ordre de 0,0001% à 10% de la valeur du module de cisaillement et augmente avec la température. Le mouvement des dislocations peut s'accompagner de leur multiplication ce qui rend le phénomène encore plus irréversible. Le glissement des dislocations est un phénomène très étudié et fondamental en science des matériaux. En effet, du mouvement des dislocations découlent la résistance des matériaux mais aussi la formation et la dispersion de fractures, le vieillissement des matériaux, leur fragilité...

Dans les cristaux classiques, l'étude des dislocations nécessite de fortes contraintes et de hautes températures rendant l'observation de ces phénomènes assez difficile car plusieurs phénomènes ont lieu à la fois. Dans notre laboratoire, nous pouvons étudier, à très basse température, des cristaux d'hélium-4 possédant des interactions simples, et pouvant être totalement purifiés et ainsi être utilisés comme un système modèle pour mieux comprendre les propriétés élastiques des solides. Nous avons découvert que dans le cas des monocristaux d'hélium-4 en l'absence d'impuretés, la résistance au cisaillement devenait quasi-nulle dans une direction particulière car un seul coefficient élastique est modifié. Nous démontrons que l'origine de ce ramollissement est le glissement des dislocations parallèlement aux plans de base du cristal hexagonal. De tels glissements ont déjà été observés dans d'autres structures hexagonales, mais jamais avec une telle amplitude. Nous montrons ici que dans un cristal d'hélium-4, les dislocations se déplacent à grande vitesse quasiment sans dissipation. Cette plasticité géante et anisotrope ne dépend pas de l'amplitude de la contrainte appliquée et persiste jusqu'à des contraintes très faibles de l'ordre de 10^{-11} fois le module de cisaillement. Ce mouvement étant réversible, la plasticité se caractérise par une réduction du coefficient élastique c_{44} de 50% à 80%. Elle disparaît dès que des traces d'impuretés isotopiques s'attachent aux dislocations ou si leur mouvement est amorti par les phonons thermiques.

Cette thèse se divise en trois chapitres. Dans le premier chapitre, nous introduisons les notions de science des matériaux nécessaires à la compréhension et à l'interprétation de nos résultats. Nous détaillons les propriétés classiques et quantiques de l'hélium-4 solide et pourquoi il peut être considéré comme système modèle pour la science des matériaux. Nous décrivons ensuite comment nous en sommes arrivés à étudier les propriétés élastiques des cristaux d'hélium-4 en revenant sur la découverte de ce qui a été interprété comme une signature de la supersolidité. À la suite de ce chapitre introductif, le deuxième chapitre présente essentiellement les progrès et les améliorations que nous avons apportés à la thermométrie ainsi qu'aux dispositifs expérimentaux, et les méthodes de croissance des cristaux que nous utilisons pour étudier l'hélium-4 solide. Dans le troisième chapitre, nous présentons les résultats que nous avons obtenus sur le mouvement des dislocations dans les cristaux d'hélium-4. Ces observations expérimentales sont accompagnées de discussions et d'interprétations qui tentent de comparer ces comportements à ceux des cristaux classiques.

Chapitre 1

Bases théoriques et historiques

Nous donnons ici une brève introduction générale à la science des matériaux afin d'introduire les notions d'élasticité, de dislocations ou encore de plasticité. Ensuite nous présenterons l'hélium solide, pourquoi est-il considéré comme une cristal quantique et quels en sont les conséquences. Enfin dans une dernière partie nous expliquerons ce qui nous a amenés à étudier l'hélium solide dans cette région de température, en dessous de 1 Kelvin ou comment l'étude d'une possible supersolidité de l'hélium solide a finalement abouti à la découverte d'un autre phénomène non moins intéressant, une "plasticité géante" de ces cristaux.

1.1 Notions de science des matériaux

1.1.1 Qu'est ce qu'un cristal ?

Parmi les solides, les cristaux ont la particularité d'être ordonnés, c'est-à-dire que les atomes ou les groupes d'atomes qui les composent sont disposés sur un réseau périodique. La plus petite partie du réseau permettant de recomposer l'ensemble est appelée une *maille*. Selon l'Union internationale de cristallographie, les cristaux sont caractérisés par un diffractogramme essentiellement discret. Lorsqu'une onde traverse un cristal, elle est diffractée dans certaines directions uniquement. Les cristaux se différencient ainsi des verres par exemple qui sont des solides dits *amorphes* car l'arrangement des atomes n'est pas périodique quelque soit l'échelle.

Les symétries des réseaux cristallins permettent de classer les cristaux en différents systèmes. Il existe 14 types de mailles, on parlera par exemple, de structures *cubiques*, *orthorhombiques* ou encore *hexagonales compactes*. La structure hexagonale compacte notée hc est composée de couches d'atomes agencés selon un réseau triangulaire qui se superposent de telle façon que les atomes d'une couche soient situés sur les trous des couches supérieures et inférieures.

Un cristal est dit parfait lorsque tous les atomes sont sur les sites du réseau cristallin. En réalité tous les cristaux possèdent des défaut ne serait-ce que les surfaces extérieures qui stoppent la périodicité. Ce sont les défauts qui sont à l'origine de nombreuses propriétés et caractéristiques des cristaux comme leur déformation, leur fragilité, leur conductivité thermique et électrique ou encore leur couleur. On peut

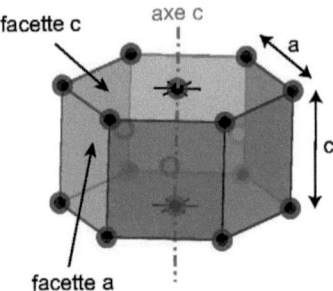

FIGURE 1.1 – Schéma de la maille de la structure hexagonale compacte (hc). L'axe c est l'axe de symétrie 6.

classer les défauts en quatre catégories en fonction de leurs dimensions : les *lacunes* qui caractérisent l'absence d'atome sur un site sont de dimension 0 alors que les *dislocations* sont des lignes de dimension 1. Sa structure rigide et localisée dans un réseau fait qu'un cristal résiste à une contrainte de cisaillement contrairement à un fluide qui coule sous l'effet d'un cisaillement. Introduisons maintenant les notions qui vont nous permettre de caractériser et d'étudier cette résistance élastique.

1.1.2 La loi d'élasticité linéaire

Soit un repère orthonormal x_i (i=1, 2 ou 3). On appellera σ_{ij} la composante selon la direction i de la force qui s'exerce sur la surface perpendiculaire à j d'un petit élément de volume (cf Figure 1.2). Les *contraintes* σ_{ij} sont homogènes à des contraintes hydrostatiques et forment le *tenseur des contraintes* $\tilde{\sigma}$. Quand il est soumis à une contrainte, un solide se déforme. On définit le champ de déplacement $\mathbf{u}$ comme l'écart à la position d'équilibre $\mathbf{r_0}$ des points du système : $\mathbf{u} = \mathbf{r} - \mathbf{r_0}$. Alors, le *tenseur des déformations* $\tilde{\varepsilon}$ est donné par ses composantes :

$$\varepsilon_{kl} = \frac{1}{2}\left(\frac{\partial u_k}{\partial x_l} + \frac{\partial u_l}{\partial x_k}\right) \quad (1.1)$$

Les expressions ci-dessus ne contiennent que les termes du premier ordre et ne sont exactes que dans la limite où les contraintes et les déplacements relatifs sont plutôt faibles, proches de zéro. La théorie de l'élasticité linéaire se place dans ce cadre. La loi de Hooke relie alors linéairement les éléments σ_{ij} du tenseur des contraintes $\tilde{\sigma}$ aux éléments ε_{ij} du tenseur des déformations $\tilde{\varepsilon}$ par l'intermédiaire du *tenseur d'élasticité* d'éléments c_{ijkl}. Dans un repère orthonormal, on aura :

$$\sigma_{ij} = c_{ijkl}\varepsilon_{kl} \quad (1.2)$$

Les coefficients c_{ijkl} sont les *constantes élastiques*. $\{c_{ijkl}\}$ est une matrice 9×9 de 81 éléments mais les symétries des tenseurs de contraintes et de déformations

1.1. NOTIONS DE SCIENCE DES MATÉRIAUX

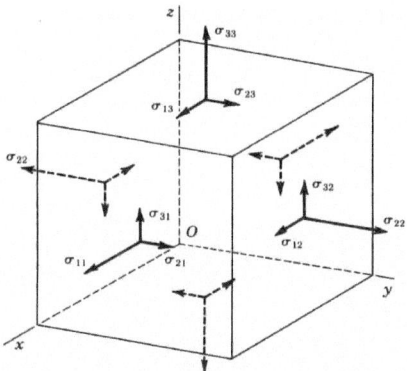

FIGURE 1.2 – Description du tenseur de contraintes sur un petit élément de volume.

permettent de réduire le nombre de coefficients indépendants à 21. Ainsi les coefficients c_{ijkl} sont souvent écrits dans une représentation matricielle simplifiée c_{mn} en utilisant la notation de Voigt qui relie les indices $(ijkl)$ aux indices (mn) :

$$\begin{aligned}
(ij) &\rightarrow (\alpha) \\
11 &\rightarrow 1 \\
22 &\rightarrow 2 \\
33 &\rightarrow 3 \\
32 \text{ ou } 23 &\rightarrow 4 \\
31 \text{ ou } 13 &\rightarrow 5 \\
21 \text{ ou } 12 &\rightarrow 6
\end{aligned}$$

Ainsi par définition :

$$c_{11} = c_{1111} \quad c_{12} = c_{1122}$$
$$c_{44} = c_{2323} \quad c_{46} = c_{2312}$$
$$\ldots\ldots \quad \ldots\ldots$$

Et sous sa forme matricielle, la loi de Hooke devient alors :

$$\begin{pmatrix} \sigma_{11} \\ \sigma_{22} \\ \sigma_{33} \\ \sigma_{23} \\ \sigma_{31} \\ \sigma_{12} \end{pmatrix} = \begin{pmatrix} c_{11} & c_{12} & c_{13} & c_{14} & c_{15} & c_{16} \\ c_{12} & c_{22} & c_{23} & c_{24} & c_{25} & c_{26} \\ c_{13} & c_{23} & c_{33} & c_{34} & c_{35} & c_{36} \\ c_{14} & c_{24} & c_{34} & c_{44} & c_{45} & c_{46} \\ c_{15} & c_{25} & c_{35} & c_{45} & c_{55} & c_{56} \\ c_{16} & c_{26} & c_{36} & c_{46} & c_{56} & c_{66} \end{pmatrix} \begin{pmatrix} \varepsilon_{11} \\ \varepsilon_{22} \\ \varepsilon_{33} \\ 2\varepsilon_{23} \\ 2\varepsilon_{31} \\ 2\varepsilon_{12} \end{pmatrix} \quad (1.3)$$

Pour $i \neq j$, c'est à dire dans le cas d'un *cisaillement*, l'équation 1.1 ne donne que la moitié du cisaillement, il faut donc mettre $2\varepsilon_{i \neq j}$ dans ce cas. Lorsque le repère de référence effectue une rotation, la déformation, la contrainte et la matrice d'élasticité doivent aussi subir les transformations adéquates.

Pour la plupart des cristaux, les symétries propres à leurs structures permettent de réduire encore le nombre d'éléments indépendants en dessous de 21. Dans le cas de la structure hexagonale compacte par exemple, il n'en reste plus que 5 : c_{11}, c_{12}, c_{13}, c_{33} et c_{44}. Le tenseur d'élasticité de la structure hc avec l'axe **c** de la structure parallèle à l'axe z s'écrit alors :

$$\begin{pmatrix} c_{11} & c_{12} & c_{13} & 0 & 0 & 0 \\ c_{12} & c_{11} & c_{13} & 0 & 0 & 0 \\ c_{13} & c_{13} & c_{33} & 0 & 0 & 0 \\ 0 & 0 & 0 & c_{44} & 0 & 0 \\ 0 & 0 & 0 & 0 & c_{44} & 0 \\ 0 & 0 & 0 & 0 & 0 & c_{66} \end{pmatrix} \quad \text{avec} \quad c_{66} = \frac{c_{11} - c_{12}}{2} \quad (1.4)$$

Les relations entre la contrainte et la déformation sont donc :

$$\begin{aligned} \sigma_{11} &= c_{11}\varepsilon_{11} + c_{12}\varepsilon_{22} + c_{12}\varepsilon_{33} & \sigma_{23} &= 2c_{44}\varepsilon_{13} \\ \sigma_{22} &= c_{12}\varepsilon_{11} + c_{11}\varepsilon_{22} + c_{13}\varepsilon_{33} & \sigma_{31} &= 2c_{44}\varepsilon_{31} \\ \sigma_{33} &= c_{13}\varepsilon_{11} + c_{13}\varepsilon_{22} + c_{33}\varepsilon_{33} & \sigma_{12} &= 2c_{66}\varepsilon_{12} \end{aligned} \quad (1.5)$$

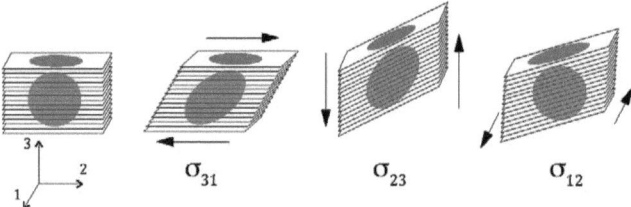

FIGURE 1.3 – Schéma des déformations pour les différentes contraintes de cisaillement. Dans les deux premiers cas, la contrainte impose une déformation qui fait glisser les plans les uns sur les autres, le même mécanisme est sollicité : le rond vert se déforme. Dans le dernier cas, la contrainte déforme la structure parallèlement à l'axe z, le rond vert reste inchangé et le rond rouge se déforme.

Comme on peut le voir, les contraintes de cisaillement σ_{23} et σ_{31} font intervenir le même coefficient élastique c_{44}, alors que le cisaillement σ_{12} est relié à la déformation par la constante c_{66}. C'est une particularité de la structure hexagonale qui est formée de couches d'atomes formant des mailles hexagonales que l'on appelle aussi *plans de base*. Comme on peut le voir sur les schémas de la Figure 1.3, les deux premières contraintes font glisser les couches les unes sur les autres comme on ferait glisser les cartes d'un paquet de cartes. Elles font donc intervenir le même coefficient. Par contre, dans le troisième cas, la contrainte appliquée tend à déformer la couche elle-même, c'est donc une autre constante qui intervient. Ainsi le coefficient c_{44}

1.1. NOTIONS DE SCIENCE DES MATÉRIAUX

caractérise le glissement des plans de base alors que c_{66} décrit les déformations à l'intérieur de ces plans. Dans le cas de solides isotropes, c'est-à-dire si ses propriétés, élastiques ou autres ne dépendent pas de la direction, seules deux constantes élastiques sont nécessaires : la *constante de Lamé* λ et le *module de cisaillement* μ ou *module de Coulomb G*. Ces dernières peuvent être reliées aux autres constantes élastiques isotropes généralement utilisées comme le *module de Young E*, le *coefficient de Poisson* ν ou le *module d'élasticité B* par :

$$
\begin{aligned}
B &= \lambda + \frac{2\mu}{3} = \frac{E}{3(1-2\nu)} = \frac{2\mu(1+\nu)}{3(1-\nu)} \\
E &= \frac{\mu(3\lambda + 2\mu)}{\lambda + \mu} = \frac{9\mu B}{3B + \mu} = 2\mu(1+\nu) \\
\nu &= \frac{3B - 2\mu}{2(3B + 2\mu)} = \frac{\lambda}{2(\mu + \lambda)} = \frac{E - 2\mu}{2\mu} \\
\mu/G &= \frac{E}{2(1+\nu)} \\
\lambda &= \frac{\nu E}{(1+\nu)(1-2\nu)} = \frac{2\nu\mu}{1-2\nu}
\end{aligned}
\tag{1.6}
$$

1.1.3 Théorie des dislocations

1.1.3.1 Définitions

Lorsqu'on déforme un cristal fortement, on peut voir apparaître à sa surface des lignes appelées *traces de glissement*. Ces lignes sont en fait de petites marches caractérisant le glissement des plans cristallins les uns par rapport aux autres. Elles sont le résultat du glissement, sous la contrainte, des défauts linéaires présents dans le cristal : les dislocations. Historiquement, c'est Volterra en 1907 [2] qui le premier introduisit l'idée de lignes de dislocations pour expliquer et décrire ces observations. Il existe deux types de dislocations droites, les *dislocations coins* ("edge" en anglais)

FIGURE 1.4 – Traces de glissement sur de l'aluminium sous fortes contraintes [1].

et les *dislocations vis* ("screw" en anglais). En réalités les dislocations sont le plus souvent mixtes, elles peuvent être coins à certains points, vis à d'autres ou les deux en même temps.

Une dislocation coin peut être imaginée comme l'introduction d'un demi-plan supplémentaire à l'intérieur d'un cristal parfait. Son emplacement est défini comme l'extrémité de ce demi-plan (voir Figure 1.5). La dislocation vis peut être vue comme une entaille dont on aurait décalé les bords d'une distance inter-atomique. Son emplacement correspond à l'extrémité de l'entaille (voir Figure 1.6).

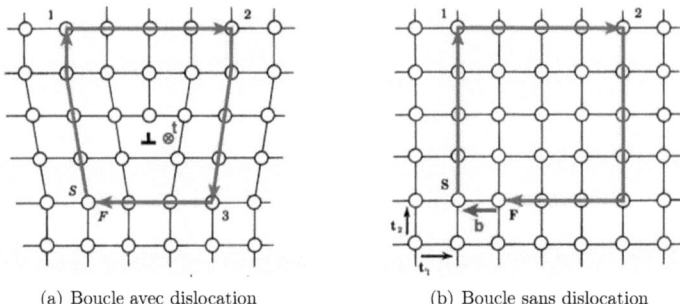

(a) Boucle avec dislocation (b) Boucle sans dislocation

FIGURE 1.5 – Schéma d'une dislocation coin (représentée par un ⊥) de direction **t** et de vecteur de Burgers **b**. En dessinant une boucle autour de la dislocation, que l'on reproduit sur une partie parfaite du cristal, il manque un vecteur pour fermer la boucle qui est le vecteur de Burgers.

La dislocation est entièrement décrite en chaque point par deux vecteurs : le vecteur **t** qui définit la direction de la ligne et le vecteur de Burgers **b** qui spécifie la hauteur et la direction de la déformation. On peut construire ce dernier en faisant une boucle autour de la dislocation puis en copiant cette même boucle sur une portion parfaite du cristal. Le défaut de fermeture qui apparaît dans ce cas est comblé par le vecteur de Burgers. Les Figures 1.5 et 1.6 décrivent la construction du vecteur de Burgers dans le cas de dislocations coins et vis dans un cristal cubique. On remarquera que le vecteur de Burgers d'une dislocation vis est parallèle à **t** alors que celui d'une dislocation coin est perpendiculaire à **t**.

Maintenant que nous avons décrit ces deux types de dislocation, intéressons nous aux déformations qu'elles induisent dans le cristal parfait.

1.1.3.2 Champ de déformation créé par la dislocation

Les atomes entourant la dislocation ne sont pas situés sur les sites naturels du réseau cristallin. Il en résulte un champ de déformation et des contraintes internes dans tout le cristal. Au centre de la dislocation, l'arrangement atomique est très fortement perturbé, c'est le *cœur de la dislocation* dont la taille r_0 est de l'ordre de plusieurs vecteurs de Burgers $b = \|\mathbf{b}\|$. Dans cette région sous fortes contraintes,

1.1. NOTIONS DE SCIENCE DES MATÉRIAUX

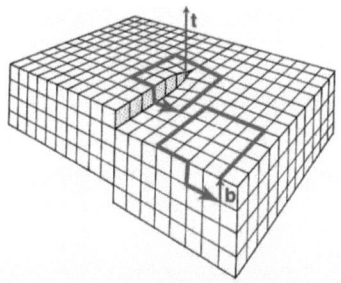

FIGURE 1.6 – Schéma d'une dislocation vis de direction **t** et de vecteur de Burgers **b**. Comme pour la dislocation coin, on dessine une boucle autour de la dislocation, puis, la même boucle est dessinée sur une partie parfaite du cristal. Le vecteur manquant pour fermer la boucle est le vecteur de Burgers.

la théorie élastique linéaire ne s'applique pas mais au-delà, la loi de Hooke permet d'évaluer la contrainte engendrée par la dislocation.

Considérons le cas simple d'une dislocation vis droite orientée selon z, le long de l'axe d'un cylindre infini de rayon R (cf Figure 1.7(a)) : dislocation dite de Volterra. Son vecteur de Burgers est positif. Il est raisonnable de supposer que le déplacement selon z, u_z augmente uniformément avec l'angle θ selon :

$$u_z(r,\theta) = \frac{b}{2\pi}\theta \qquad (1.7)$$

La contrainte associée à ce déplacement est donnée par [1] :

$$\sigma_{\theta z} = \frac{\mu b}{2\pi r}$$
$$\sigma_{rz} = \sigma_{r\theta} = \sigma_{rr} = \sigma_{\theta\theta} = \sigma_{zz} = 0 \qquad (1.8)$$

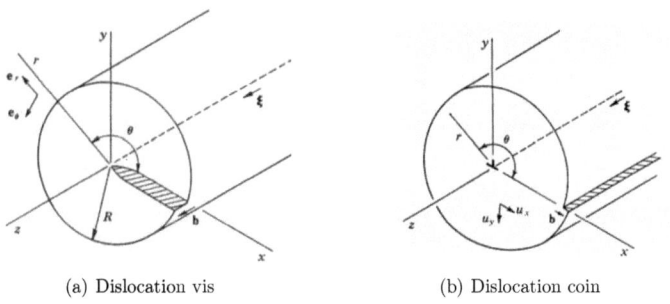

(a) Dislocation vis (b) Dislocation coin

FIGURE 1.7 – Représentations de Volterra.

Une dislocation vis ne provoque que des contraintes de cisaillement. Le cas d'une dislocation coin telle qu'elle est représentée sur la Figure 1.7(b) est un peu plus complexe. En effet celle-ci provoque des contraintes de cisaillement mais aussi de compression. On montre que [3] :

$$\begin{aligned}\sigma_{rr} &= \sigma_{\theta\theta} = \frac{\mu b \sin\theta}{2\pi(1-\nu)r} \\ \sigma_{r\theta} &= \frac{\mu b \cos\theta}{2\pi(1-\nu)r} \\ \sigma_{zz} &= \nu(\sigma_{rr} + \sigma_{\theta\theta}) \\ \sigma_{rz} &= \sigma_{\theta z} = 0\end{aligned} \quad (1.9)$$

On peut alors calculer l'énergie d'une dislocation qui correspond à la somme de l'énergie due au champ de contraintes qu'elle induit et de l'énergie du cœur. Cette dernière, très difficile à évaluer est très faible devant la première et peut être négligée en première approximation. Typiquement, dans une structure compacte, cette énergie varie entre 0,1 et 0,05 μb [3]. L'énergie W par unité de volume due à une déformation élastique linéaire est donnée par :

$$\begin{aligned}W &= \frac{\sigma^2}{2E} \quad \text{en compression} \\ W &= \frac{\sigma^2}{2\mu} \quad \text{en cisaillement}\end{aligned} \quad (1.10)$$

Alors l'énergie par unité de longueur d'une dislocation vis dans une région limitée par le cœur de la dislocation r_0 et le rayon R du cylindre vaut :

$$\frac{W}{L} = \int_{r_0}^{R} \frac{\sigma_{\theta z}^2}{2\mu} 2\pi r dr = \frac{\mu b^2}{4\pi} \ln\frac{R}{r_0} \quad (1.11)$$

Cette énergie diverge lorsque $R \to \infty$, ou lorsque $r_0 \to 0$. La divergence due à R montre bien que l'on ne peut pas attribuer une énergie caractéristique à une dislocation car celle-ci dépend de la taille du cristal. Néanmoins dans un cristal contenant plusieurs dislocations de signes opposés, on peut grossièrement prendre R comme la moitié de la distance entre deux dislocations. De toute façon, à cause du logarithme, l'énergie est très peu sensible au choix de R. Dans le cas d'une dislocation coin, le calcul de l'énergie donne :

$$\frac{W}{L} = \int_{r_0}^{R} r dr \int_{2\pi}^{0} d\theta \left[\frac{1}{2\mu}\sigma_{r\theta}^2 + \frac{1}{2E}(\sigma_{rr}^2 + \sigma_{\theta\theta}^2 + \sigma_{zz}^2)\right] = \frac{\mu b^2}{4\pi(1-\nu)} \ln\frac{R}{r_0} \quad (1.12)$$

Ce qui est identique au cas de la dislocation vis avec en plus un facteur $(1-\nu)$.

1.1.3.3 Déplacement libre des dislocations

Par application d'un champ de contraintes extérieures σ, il est possible de déplacer la dislocation dans son *plan de glissement* qui est le plan formé par le vecteur de

1.1. NOTIONS DE SCIENCE DES MATÉRIAUX

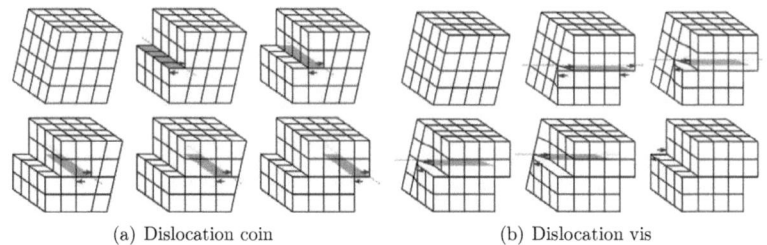

(a) Dislocation coin (b) Dislocation vis

FIGURE 1.8 – Déplacement des dislocations dans leur plan de glissement. Les deux mouvements mènent à la formation d'une marche sur la surface du cristal. On remarquera que la dislocation coin glisse parallèlement à son vecteur de Burgers, alors que la dislocation vis se propage perpendiculairement à celui-ci.

Burgers **b** et le vecteur de direction **t**. La dislocation est alors soumise à une force **F** normale en tout point à sa direction **t**, et définie par la loi de Peach Koehler [1] :

$$\mathbf{F} = (\sigma.\mathbf{b}) \wedge \frac{\mathbf{t}}{t} \qquad (1.13)$$

Le mouvement d'une dislocation vis ou coin est schématisé Figure 1.8 qui illustre la formation de *marches* à la surface de cristaux soumis à de fortes contraintes (cf Figure 1.4). Ce mouvement ne se fait pas sans frictions.

En effet, les dislocations qui distordent les liaisons entre les atomes, adoptent généralement une configuration telle que ces distorsions soient les plus faibles possibles, elles réduisent ainsi l'énergie de désalignement qu'elles induisent. On dit qu'elles occupent le fond d'une vallée d'énergie. Lorsqu'une dislocation se déplace dans son plan de glissement, l'énergie de désalignement change périodiquement en fonction de la position des rangées d'atomes. Peierls [4] puis Nabarro [5] ont décrit ce potentiel vu par la dislocation en sommant les énergies de désalignement avant et après un petit déplacement αb :

$$W(\alpha) = \frac{\mu b^2}{4\pi(1-\nu)} + \frac{W_P}{2} \cos 4\pi\alpha \qquad (1.14)$$

où $W_P = \frac{\mu b^2}{2\pi(1-\nu)} e^{-\frac{2\pi\zeta}{b}}$ est appelée *énergie de Peierls* et ζ est la largeur de la dislocation dans le modèle de Peierls-Nabarro qui délimite la région du cœur de la dislocation, où la théorie de l'élasticité linéaire ne s'applique pas. La Figure 1.9(a) représente l'allure du potentiel W_P.

La contrainte nécessaire pour surmonter cette barrière énergétique est notée *contrainte de Peierls*, σ_P et est donnée par :

$$\sigma_P = \frac{1}{b^2} \left[\frac{\partial W(\alpha)}{\partial \alpha} \right]_{\max} = \frac{2\pi W_P}{b^2} = \frac{\mu}{1-\nu} e^{\frac{-2\pi\zeta}{b}} \qquad (1.15)$$

Cette barrière peut donc être franchie par l'application d'une contrainte mécanique ou par fluctuation thermique. A l'échelle microscopique, le passage d'une

12   CHAPITRE 1. BASES THÉORIQUES ET HISTORIQUES

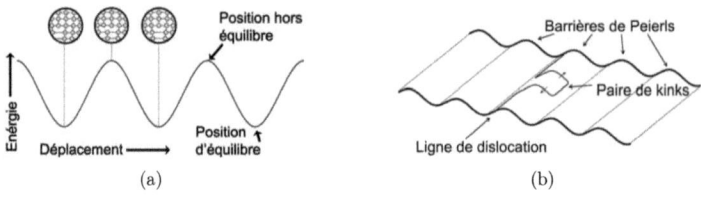

FIGURE 1.9 – (a) Profil énergétique vue par une dislocation lors de son glissement. (b) Formation d'une paire de kinks entre deux vallées de Peierls. En s'éloignant la paire de kinks permettra le glissement de la dislocation.

partie de la ligne de dislocation d'une vallée de Peierls à une autre est appelé un *décrochement* (ou "kink" en anglais que nous utiliserons alors dans le texte). Un kink dans un sens ou dans un autre aura un signe positif ou négatif selon la convention choisie. On parlera alors d'*anti-kink* et de *paires de kinks*. En s'éloignant l'un de l'autre les paires de kinks font passer la dislocation d'une vallée à une autre (voir Figure 1.9(b)). La contrainte de Peierls domine dans toutes les structures possédant un certain caractère covalent directionnel [1]. Toutefois dans les métaux de valence, c'est-à-dire lorsque les interactions interatomiques dépendent de la distance et non pas de la direction, la contrainte de Peierls est très faible. Il doit donc en être de même pour certains cristaux ioniques ou encore dans les cristaux de gaz rares à interaction de Van der Waals comme l'hélium solide.

Lorsqu'une dislocation se déplace hors de son plan de glissement, on dit qu'elle *monte* ("climb" en anglais). Ce type de déplacement nécessite un transport de matière en remplaçant un atome par une lacune comme le décrit la Figure 1.10. Le segment de dislocation dont la direction est normale au plan de glissement est appelé *cran* (ou "jog" en anglais que nous utiliserons à présent). Si cette portion de la ligne est plus grande qu'une distance inter planaire, on parlera alors de *superjogs*. Comme pour les kinks, les jogs ont un sens donc un signe et peuvent aussi former des paires.

Il est important de noter ici que par l'intermédiaire de son propre champ de contrainte, une dislocation exerce une force sur les autres. L'interaction effective entre deux dislocations est attractive ou répulsive en fonction de leur vecteur de Burgers. Deux dislocations coins parallèles de même plan de glissement et de même vecteur de Burgers se repoussent. Si les vecteurs de Burgers sont opposés, elles s'attirent. Il en est de même pour les dislocations vis. Afin de minimiser leurs énergies, les dislocations vont donc s'arranger dans un réseau tridimensionnel et c'est le mouvement du réseau de dislocations et non pas de la dislocation unique qui influencera les propriétés du cristal. Il est donc utile de les décrire.

1.1.3.4 Réseau de dislocations

Durant la première partie du $20^{\text{ème}}$, les métallurgistes utilisent essentiellement le modèle grossier de réseau Taylor [6] dans lequel les dislocations rectilignes, parallèles

1.1. NOTIONS DE SCIENCE DES MATÉRIAUX

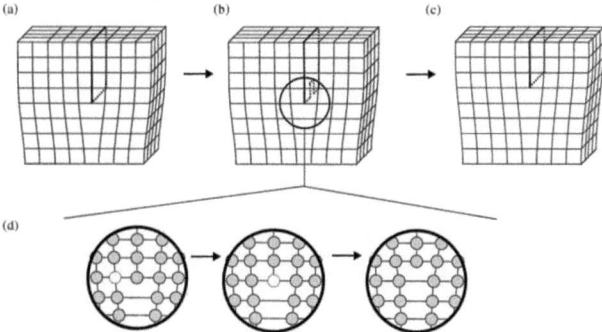

FIGURE 1.10 – (a-c) Montée d'une dislocation coin via la formation d'une paire de jogs. La vue détaillée (d) montre la diffusion d'une lacune liée à ce mouvement

et équidistantes, interagissent via leurs propres champs de contraintes. Ce n'est que bien plus tard, en 1951, que Frank apporte des concepts nouveaux sur le réseau formé par les dislocations. Il montre dans un premier temps, que la présence de dislocations accélère considérablement la croissance des cristaux [7, 8]. De ce fait, à part dans des cas particuliers de petits cristaux formés très lentement, tous les cristaux doivent contenir des dislocations pour croître. À partir de ce réseau originel, de nouvelles boucles de dislocations pourraient se former à partir des arcs existants à des énergies bien inférieures à celles nécessaires pour créer une boucle dans le cristal parfait. Il montre aussi que les dislocations formeraient alors une structure dite *mosaïque* de petite taille : les dislocations sont groupées sous forme de joints plans adjacents légèrement désorientés les uns par rapport aux autres. Ce *réseau de Frank* a permis d'expliquer la formation de la structure mosaïque de petite taille proposée par Darwin pour comprendre pourquoi les intensités lors d'expériences de diffractions de rayons-X étaient étrangement plus élevées que celles calculées [9] bien plus tôt dans le cas d'un cristal parfait. Ces microcristaux faiblement désorientés permettent à plus de rayons diffractés dans les couches inférieures d'atteindre le détecteur.

On définit la densité linéaire de dislocations, Λ d'un cristal par la longueur totale des lignes de dislocations par unité de volume (m/m^3 ou m^{-2}). De façon générale, un cristal de bonne qualité possède entre 10^4 et 10^6 dislocations par cm^2 et un cristal de mauvaise qualité en possède entre 10^{10} et 10^{12} par cm^2 [1]. Dans les cas de réseaux de Frank, on peut relier la densité de dislocations à la distance entre deux nœuds du réseau formés à l'intersection des dislocations et notée L_N. Prenons comme premier exemple un réseau de Frank cubique. Dans un cube de volume L_N^3, on trouve $12L_N/4$ longueurs de dislocation. La densité vaut donc $\Lambda = 3/L_N^2$ et on obtient :

$$\Lambda L_N^2 = 3 \tag{1.16}$$

Ce facteur ΛL_N^2 représente en quelque sorte la connectivité du réseau. Il est faible si il y a beaucoup de connexions entre les lignes de dislocation. Au contraire si ce facteur est grand c'est que le réseau est peu interconnecté. Considérons maintenant le même type de réseau simple dans le cas d'une structure hexagonale où il existe trois directions de glissement principales pour les dislocations coins, perpendiculaires à l'axe **c** et à $2\pi/3$ les unes des autres. Les dislocations s'arrangent, par symétrie, en un réseau hexagonal de coté a' dans le plan de base, parfois connecté aux plans de base voisins à une distance c' le long de l'axe **c**. Si on ne considère que les dislocations dans le plan de base, alors dans le volume d'un hexagone $3\sqrt{3}a'^2c'/2$, on a $12a'/4$ longueurs de dislocation. La densité vaut donc $\Lambda = 2/(\sqrt{3}a'c')$. D'après Varoquaux [10], on peut alors faire l'hypothèse que ce réseau hexagonal est homothétique à la maille cristalline ce qui donne comme pour la maille élémentaire $c/a = c'/a' = \sqrt{8/3}$. La densité s'écrit alors $\Lambda = 2/(\sqrt{8}a'^2)$ et en remplaçant a' par la distance entre deux nœuds L_N, on obtient :

$$\Lambda L_N^2 = \frac{1}{\sqrt{2}} \tag{1.17}$$

Cette valeur, très inférieure à la précédente ($\Lambda L_N^2 = 2$ pour un réseau cubique dans lequel on ne prend en compte que les plans de glissement), exprime le manque de directions de glissement possible pour les dislocations. Ce facteur représentant la topologie du réseau de dislocations, il sera le terme important dans la contribution des dislocations à la déformation du cristal que nous allons maintenant introduire.

1.1.3.5 Mobilité des dislocations sous contraintes

Si un cristal contient des lignes de dislocation mobiles entre deux points fixes à leurs extrémités, ces lignes vont se courber (cf Figure 1.13) sous l'effet d'une faible contrainte σ appliquée au cristal. La déformation $\delta\varepsilon$ qui en résulte disparaît quand la contrainte est relâchée, la ligne retourne alors à sa position initiale. Ainsi $\delta\varepsilon$ peut être vue comme une déformation élastique qui réduit le module de cisaillement apparent :

$$\sigma = \mu\varepsilon = (\mu + \delta\mu)(\varepsilon + \delta\varepsilon) \tag{1.18}$$

où ε est la déformation d'un cristal parfait. La réduction du module de cisaillement peut alors s'écrire :

$$\frac{\delta\mu}{\mu + \delta\mu} = -\frac{\delta\varepsilon}{\varepsilon + \delta\varepsilon} \tag{1.19}$$

En 1952, Mott remarque que cette réduction ne dépend pas de la taille du réseau mais de sa topologie [11]. En effet si le cristal possède N dislocations et que chacune d'elles balaie une surface $\mathcal{A}$ durant la déformation, alors leur contribution à la déformation vaut :

$$\delta\varepsilon = N\mathcal{A}b \tag{1.20}$$

Puis en exprimant l'aire $\mathcal{A}$ en fonction de la contrainte σ et en remplaçant le nombre N par la densité Λ, on obtient [1] :

$$\frac{\delta\varepsilon}{\varepsilon} \simeq \frac{\Lambda L_N^2}{6} \tag{1.21}$$

Cette relation décrit le cas où la déformation due aux dislocations est maximum, c'est-à-dire à haute température, dans le cas extrême où les dislocations peuvent

1.1. NOTIONS DE SCIENCE DES MATÉRIAUX

glisser et monter. Toute limitation sur le mouvement des dislocations ou sur leur distribution aura pour effet de réduire cette valeur. Dans le cas d'un réseau cubique où seuls les glissements sont autorisés, une estimation moyenne donne [12] :

$$\frac{\delta\varepsilon}{\varepsilon} \simeq \frac{\Lambda L_N^2}{20} \tag{1.22}$$

Si les lignes sont organisées en réseau de Frank cubique tel que $\Lambda L_N^2 = 2$ on a donc :

$$\frac{\delta\mu}{\mu+\delta\mu} \simeq -\frac{\delta\varepsilon}{\varepsilon} = -\frac{1}{10} \tag{1.23}$$

Cette réduction $\delta\mu$ du module de cisaillement a été observée dans de nombreux alliages lors de mesures du module de cisaillement en fonction de la concentration en impuretés [13]. En effet, celles-ci viennent se fixer sur les dislocations pour former un *nuage de Cottrell* (voir section 1.1.3.7). On dit alors que la dislocation est *piégée* et elle ne peut plus se déplacer que sur une longueur réduite L_i entre deux impuretés (voir Figure 1.13). Cela réduit donc la portion des déformations dues aux dislocations jusqu'à zéro lorsque la concentration en impuretés augmente. Dans le même sens, une variation du module de cisaillement a été observée en faisant varier la température. Il apparaît qu'au-dessus d'une température critique, le module de cisaillement est réduit. Typiquement une réduction entre 5% et 10% est observée en bon accord avec les prédictions pour un réseau de Franck, notamment par Bradfield et Pursey sur des alliages de cuivres dès 1953 [14]. Cet effet est attribué à l'époque à la libération des dislocations piégées, soit par un depiégeage de la dislocation par activation thermique, soit par entrainement des impuretés par la dislocation, soit encore par évaporation du nuage d'impuretés. Quand on continue d'augmenter la température, une réduction encore plus forte du module de cisaillement est observée, cette fois-ci attribuée à la montée des dislocations rendue possible à ces températures.

1.1.3.6 Polygonisation du réseau de dislocations

Il est possible d'obtenir une réduction du module du cisaillement bien plus grande lorsque les dislocations s'arrangent en *joints de grains faibles* ou encore lorsque le réseau est dit *polygonisé*. Cette organisation, schématisée sur la figure 1.11, fut introduite par Burgers dès 1939 [15] qui imagine que les dislocations puissent former des réseaux plans qui pouvant être assimilés à des joints de grains de faible orientation ou sous-joints de grains. Ainsi, si on empile des dislocations coins (qui correspondent à un demi-plan supplémentaire orthogonal au plan de glissement), les unes sur les autres, la succession de demi-plans supplémentaires forme un joint entre deux parties du cristal dont la désorientation par rapport à l'axe d'empilement augmente avec la densité de dislocations dans le joint. Cette configuration minimise l'énergie qui augmente avec la désorientation. Ces structures sont étudiées et observées par Crussard en France et par Cahn en Angleterre lors du réchauffement de fils d'aluminium qui prennent alors des allures polygonales lors du regroupement des dislocations en joints de grains faibles d'où le nom de *polygonisation* donné par Orowan en 1947.

On comprend alors que dans un tel système, les faces des microcristaux de la structure mosaïque du réseau de Franck de taille l soient couvertes de dislocations

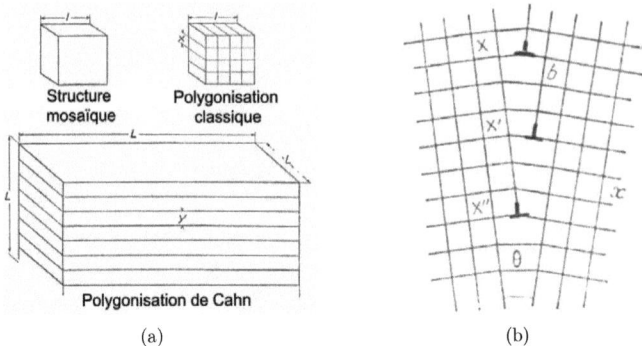

FIGURE 1.11 – (a) Représentation d'une structure mosaïque et de deux types de polygonisation où les dislocations sont orientées dans le même sens et séparées d'une distance x ou y sur une longueur l. (b) Représentation d'un joint de grain faible.

empilées équidistantes de x. Dans ce cas, le facteur ΛL_N^2 doit être remplacé par $l/x \gg 1$. La réduction du module de cisaillement s'écrit donc d'après Friedel [1] :

$$-\frac{\delta\mu}{\mu+\delta\mu} \simeq \frac{\delta\varepsilon}{\varepsilon} = \frac{l}{20x} \tag{1.24}$$

Théoriquement, cela permettrait des réductions du module de cisaillement de 100%. C'est ce qui a été observé de nouveau pour le module de Young sur des fils d'aluminium polygonisés à haute température par Friedel, Boulanger et Crussard en 1955 [12]. La constante élastique est alors réduite à 10% de sa valeur en deux contributions correspondant à basse température au simple glissement des dislocations puis à plus haute température à leur montée. Enfin il est important de noter qu'une telle anomalie (jusqu'à 16-18% du module de cisaillement) peut aussi être observée dans des métaux soumis à des contraintes au-delà de quelques pour-cent [16]. Nous venons de voir que la contribution des dislocations au module de cisaillement dépend quadratiquement de la longueur des lignes. Cette longueur fixée par le réseau peut être modifiée par les impuretés présentes dans le solide comme nous allons le voir.

1.1.3.7 Influence des impuretés sur le mouvement des dislocations

Dans le cristal, les dislocations de longueur caractéristique L_N sont solidement fixées à leurs extrémités : nœuds du réseau, joints de grains, parois de la cellule ou encore les jogs. Des défauts tels que des impuretés, des lacunes ou des atomes interstitiels possèdent des énergies plus faibles proches du cœur de la dislocation que dans le réseau non déformé. Ainsi ils vont avoir tendance à se rassembler près du cœur et à agir comme des points de piégeage pour la dislocation. Sa longueur caractéristique entre deux points de piégeage est notée L_i. De plus, dans le cas

1.1. NOTIONS DE SCIENCE DES MATÉRIAUX

d'impuretés qui sont libres de diffuser à travers le solide, leur concentration linéaire sur la ligne à l'équilibre est plus importante que dans le cristal formant ainsi une *atmosphère*. Dans un modèle continu, la pression hydrostatique $p(r,\theta)$ autour d'une dislocation coin peut s'écrire [17] :

$$p(r,\theta) = -\frac{\mu b}{3\pi}\frac{1+\nu}{1-\nu}\frac{\sin\theta}{r} \quad (1.25)$$

Alors si $\Delta v = v_a - v_i$ est la différence de volume entre l'atome normal et l'impureté, le potentiel E_i de l'impureté au voisinage de la dislocation vaut :

$$E_i(r,\theta) = -p(r,\theta)\Delta v = \frac{\mu b \Delta v}{3\pi}\frac{1+\nu}{1-\nu}\frac{\sin\theta}{r} \quad (1.26)$$

La concentration d'équilibre autour de la dislocation pour cette impureté vaut donc :

$$c(r,\theta) = c_0 \exp\left(\frac{E_i(r,\theta)}{kT}\right) \quad (1.27)$$

avec c_0, la concentration moyenne de l'impureté dans le solide parfait. Une telle atmosphère est aussi appelée *nuage de Cottrell*. Dans le cas d'une impureté dont le volume est plus important que celui des autres atomes de la maille (comme c'est le cas pour l'impureté d'^{3}He dans l'^{4}He), les atomes vont se rassembler préférentiellement sous la dislocation comme le montre la Figure 1.12.

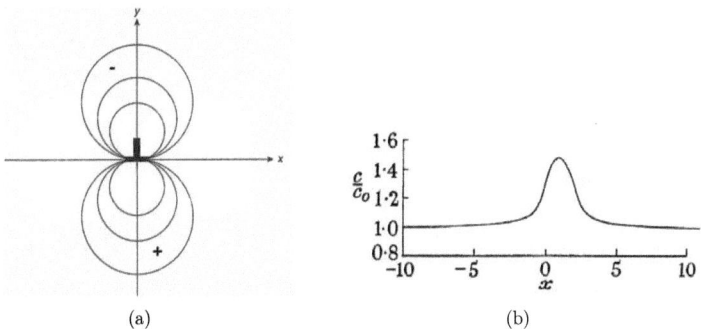

FIGURE 1.12 – (a) Équipotentiels du champ de pression autour d'une dislocation coin positive. (b) Variation de la concentration de grosses impuretés autour d'une dislocation coin positive stationnaire (ligne pleine) et en mouvement (pointillé).

L'existence d'une telle atmosphère permet de séparer le mouvement des dislocations en deux régimes : rapide et lent. Dans le régime lent, la dislocation reste accompagnée de son atmosphère et sa vitesse est limitée par le taux de migration des impuretés. Ce mouvement particulier des dislocations avec leurs nuages d'impuretés a été introduit par Cottrell [17] afin d'expliquer les observations de *microfluage* faites par Chalmers avec de l'étain en 1936 [18] et aussi la limite élastique du fer contenant des petites quantités de carbone ou d'azote. Dans le régime rapide, les impuretés agissent comme des points fixes piégeant la dislocation et la longueur libre (qui est la longueur vibrante) est réduite de L_N à L_i.

La théorie de Granato et Lücke décrit le glissement des dislocations sous contrainte oscillante selon un modèle simple de cordes vibrantes amorties [19]. Cette idée de cordes vibrantes provient à l'origine de Koehler en 1952 [20], elle est ensuite développée par Granato et Lücke en 1956. Soumis à une contrainte, le réseau de dislocations se déforme comme un élastique retenu par les point de piégeages comme on peut le voir sur la Figure 1.13. L'énergie d'une dislocation courbe est plus importante que si elle était droite car sa longueur augmente. C'est la tension de la corde qui fournit la force de rappel dans ce modèle. La dislocation possède une masse effective $A = \pi \rho b^2 \ln\left(\frac{R}{r_0}\right)$, une tension linéaire $C = \frac{2\mu b^2}{\pi(1-\nu)} \ln\left(\frac{R}{r_0}\right)$ et un coefficient d'amortissement B. L'origine de $\ln\left(\frac{R}{r_0}\right)$ est la même que celle discutée dans la section 1.1.3.2. Le déplacement $\xi(y,t)$ orthogonal à la direction x de cette ligne de dislocation de longueur L et soumise à une contrainte $\sigma(x,t)$ perpendiculaire à la ligne, peut être décrit par l'équation du mouvement suivante :

$$A\frac{\partial^2 \xi}{\partial t^2} + B\frac{\partial \xi}{\partial t} + C\frac{\partial^2 \xi}{\partial y^2} = b\sigma(t) \quad (1.28)$$

avec les conditions aux limites $\xi(0) = \xi(L) = 0$.

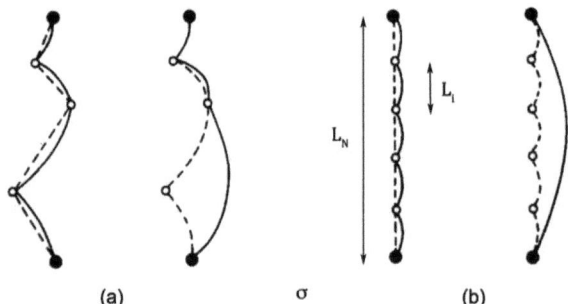

FIGURE 1.13 – Exemple d'une dislocation attachée à ses extrémités distantes de L_N et fixée par des points de piégeage équidistants de L_i (b) ou repartis aléatoirement (a). La ligne pointillée ou solide représente la courbure de la dislocation sous une contrainte croissante. Quand elle est trop forte la dislocation se détache des impuretés.

Si la contrainte appliquée est trop forte, la force de la dislocation sur un point de piégeage peut être suffisamment importante pour faire sortir l'impureté de son puits, elle se décroche alors de la dislocation ("breakaway" en anglais). Nous reviendrons plus en détail sur ces régimes de mouvement de dislocations dans le Chapitre 3.3 et sur l'effet des impuretés dans le Chapitre 3.4.

1.1. NOTIONS DE SCIENCE DES MATÉRIAUX

Jusqu'alors, nous n'avons parlé que de dislocations dites *parfaites* où le vecteur de Burgers est un vecteur du réseau. Pour terminer, nous allons introduire la notion de dislocations partielles dont nous nous servirons par la suite.

1.1.3.8 Les dislocations partielles et les défauts d'empilement

Lorsque le vecteur de Burgers $\mathbf{b_1}$ d'une dislocation parfaite est plus grand qu'une maille du réseau, le système devient instable. La dislocation se dissocie alors en deux dislocations partielles de vecteur de Burgers $\mathbf{b_2}$ et $\mathbf{b_3}$ avec $\mathbf{b_1} = \mathbf{b_2} + \mathbf{b_3}$. Prenons l'exemple d'une dislocation coin parfaite glissant dans le plan de base d'un cristal hexagonal. Son vecteur de Burgers vaut : $\mathbf{b_1} = \frac{1}{3}\langle 2\overline{1}\overline{1}0\rangle$ et $b_1 = a$. Afin de réduire son énergie élastique proportionnelle à $\sum \mu b^2$, cette dislocation parfaite peut se dissocier en deux dislocations partielles de vecteur de Burgers $\mathbf{b_2} = \frac{1}{3}\langle 1\overline{1}00\rangle$ et $\mathbf{b_3} = \frac{1}{3}\langle 10\overline{1}0\rangle$ avec $b_2 = b_3 = a/\sqrt{3}$ (voir schéma de la Figure 1.14(a)). L'énergie élastique des deux dislocations partielles vaut donc $\frac{2}{3}\mu a^2$ ce qui permet de gagner une énergie de $\frac{1}{3}\mu a^2$ par rapport à la dislocation parfaite. Les dislocations partielles glissent plus facilement que les dislocations parfaites car leurs vecteurs de Burgers est plus petit mais aussi car la friction de Peierls est réduite dans ce cas.

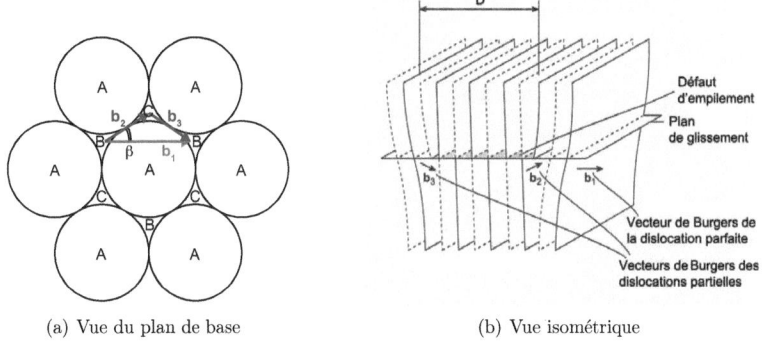

(a) Vue du plan de base   (b) Vue isométrique

FIGURE 1.14 – Formation d'une dislocation partielle par dissociation d'une dislocation coin de vecteur de Burgers $\mathbf{b_1}$ en deux dislocations partielles de vecteurs de Burgers $\mathbf{b_2}$ et $\mathbf{b_3}$. Les lettres A, B et C représentent les différents plans d'empilement.

Comme on peut le voir sur la Figure 1.14(b), les deux dislocations partielles sont reliées par un *défaut d'empilement* ("stacking fault" en anglais) d'énergie γ. Il existe plusieurs types de défauts d'empilement. Comme nous l'avons évoqué précédemment, un cristal compact peut être considéré comme un empilement de plans atomiques denses possédant une structure triangulaire. Il existe deux possibilités pour positionner ses plans les uns par rapport aux autres et le cristal est formé d'une succession de plans A, B, ou C. Un cristal cubique face centré (cfc) parfait, sera caractérisé par un empilement ABC ABC... Une structure hexagonale compacte (à deux atomes par maille) sera quant à elle caractérisée par un empilement AB AB AB... ou CA CA CA... Le défaut d'empilement est la modification de cet empilement dit parfait. Dans la structure hc, il existe alors trois types de défauts d'empilement décrits sur la Figure 1.15 : *la faute intrinsèque* I_1, la *faute intrinsèque* I_2 et la *faute extrinsèque* E.

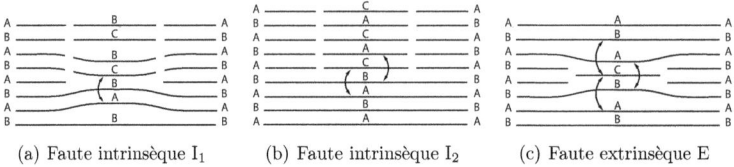

(a) Faute intrinsèque I_1 (b) Faute intrinsèque I_2 (c) Faute extrinsèque E

FIGURE 1.15 – Schéma représentant les trois types de défauts d'empilement que l'on peut retrouver dans une structure hexagonale compacte. On remarque que les fautes I_1 et E enlèvent ou ajoutent respectivement un plan.

Ces défauts coutent une énergie γ qui a fait l'objet de nombreuses études et de calculs notamment par Blandin, Friedel et Saada en 1966 [21]. Dans le cas des métaux alcalins ou monovalents (Li, Na, K), les énergies sont faibles et il apparaît que $\gamma_{I_2} = 2\gamma_{I_1}$ et $\gamma_E = 3\gamma_{I_1}$. Cette règle est plus ou moins respectée dans les métaux bivalents (Be, Mg, Zn) où les énergies sont beaucoup plus grandes de 3 ordres de grandeur.

Ainsi, la force élastique répulsive entre les deux dislocations partielles est donc opposée à l'attraction tendant à réduire la taille du défaut d'empilement. La distance qui les sépare est donc celle qui minimise l'énergie de cette configuration :

$$D = \frac{\mu b_2 b_3}{8\pi\gamma} \frac{2-\nu}{1-\nu} \left(1 - \frac{2\nu \cos 2\beta}{2-\nu}\right) \tag{1.29}$$

avec β l'angle formé entre $\mathbf{b_1}$ et $\mathbf{b_2}$. Dans le cas d'une structure hc, cet angle vaut environ 30°, de plus $b_2 b_3 = a^2/3$, on obtient alors :

$$D \approx \frac{\mu a^2}{12\pi\gamma} \tag{1.30}$$

Notons que, toujours dans le cas d'une dislocation dans un cristal hexagonal, le défaut d'empilement mis en jeu lorsqu'une dislocation se dissocie est la faute I_2. En effet, bien que celle-ci ait une énergie supérieure à la faute I_1, le cœur d'une dislocation ne peut ni enlever (cas de la faute I_1), ni ajouter (cas de la faute E) de plan atomique.

Enfin, Suzuki a observé que les impuretés pouvaient s'agréger sur le ruban de défaut d'empilement séparant deux dislocations partielles [22]. En général, l'énergie d'une impureté est différente sur le défaut d'empilement, ainsi la concentration d'équilibre d'impuretés sur le défaut d'empilement c_1 est différente de celle dans la masse cristalline c_0. On appelle cela le *nuage de Suzuki* ou *l'agrégation de Suzuki*.

Que l'impureté soit attirée ou repoussée par le défaut d'empilement, ce changement de concentration va diminuer l'énergie de celui-ci, ainsi la taille du défaut augmente de D_0 à $D_1 = D_0 \left[\gamma(c_0)/\gamma(c_1)\right]$ [23]. Cet effet est très important dans les alliages et semble négligeable dans les cristaux purs. Il est commun aux dislocations vis et coin et ne dépend que de la présence d'un défaut d'empilement. Au premier ordre, l'agrégation de Suzuki ne modifie que la taille du défaut D mais au second ordre elle modifie aussi son champ de contrainte ce qui rend le calcul et même le sens de variation de D beaucoup plus complexe [3].

Ainsi nous venons d'introduire nombre de notions issues de la science des matériaux qui en particulier expliquent le lien entre les dislocations d'un cristal et sa réponse au cisaillement. Pour l'instant nous sommes restés dans le cas de cristaux classiques. Voyons maintenant comment ces notions peuvent être adaptées à des cristaux quantiques de gaz rares comme le cristal d'hélium-4.

1.2 L'hélium-4 solide

1.2.1 Superfluidité de l'hélium-4

L'hélium-4 gazeux à pression ambiante, devient liquide en dessous de 4,2 K. Kamerlingh Onnes réussit la première liquéfaction d'^{4}He à Leiden en 1908. En 1937, Allen et Misener à Cambridge [24] et Kapitza à Moscou [25] découvrent simultanément qu'en dessous de 2 K, l'^{4}He coule sans frottement. Au-dessus de cette température le liquide d'^{4}He se comporte comme un liquide classique (He I) et en dessous il possède des propriétés quantiques (He II). C'est une transition du second ordre, c'est-à-dire continue, où les deux phases ne sont pas en équilibre l'une avec l'autre. Cette nouvelle phase superfluide aux propriétés quantiques est nommée ainsi par Kapitza par analogie avec les supraconducteurs découverts 25 ans plus tôt. Le pic de chaleur spécifique lié à cette transition de phase fut observé 10 ans auparavant par Wolfke et Keesom [26]. La température de ce pic aussi appelé *point* λ en raison de sa forme, est mesurée exactement à $T_\lambda = 2{,}176$ K. Afin d'expliquer les variations de viscosité apparente de cette nouvelle phase avec la température, le modèle à deux fluides est introduit par Tisza peu de temps après la découverte [27]. Ce modèle décrit l'He II comme un mélange de deux fluides, l'un normal de viscosité non nulle ($\eta_n \neq 0$), et l'autre superfluide de viscosité nulle ($\eta_s = 0$) et dont la somme des densités est la densité totale du liquide. Ces deux fluides sont indépendants et possèdent donc leur propre vitesse locale. La densité de courant peut s'écrire :

$$\mathbf{j} = \rho_n \mathbf{v}_n + \rho_s \mathbf{v}_s \qquad (1.31)$$

où les indices n et s référent au fluide normal et au superfluide. Tant que la vitesse reste faible, ces fluides n'interagissent pas, mais au delà d'une vitesse critique du superfluide, des tourbillons apparaissent et des interactions entre fluides apparaissent.

Ce modèle est particulièrement bien adapté à l'expérience d'Andronikashvili [28], qui se compose d'un empilement de disques métalliques équidistants dont l'axe commun est un axe de torsion. L'ensemble est plongé dans l'hélium liquide et on mesure la période de cet oscillateur de torsion donnée par $P = 2\pi\sqrt{I/K}$. K est la constante de raideur et I est le moment d'inertie du système, qui comprend une contribution de l'oscillateur et une contribution due à l'entrainement de l'hélium liquide par les disques. L'allure des courbes obtenues est représentée sur la Figure 1.16.

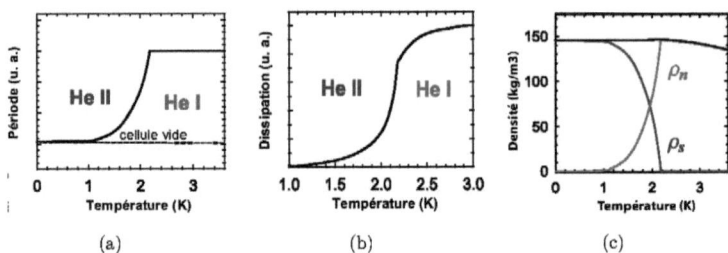

FIGURE 1.16 – Dépendances en température de la période (a), de la dissipation (b) et des densités des deux fluides (c) dans l'expérience d'Andronikashvili [28].

Lorsque la température diminue, on observe une réduction de la période associée à une diminution du moment d'inertie ainsi qu'une diminution de la dissipation ($Q^{-1} \propto \sqrt{\rho_n \eta}$). Comme la densité totale ρ du liquide reste constante, cette dernière réduction est associée à une diminution de la densité du fluide normal et à une augmentation de celle du superfluide. La diminution du moment d'inertie peut s'écrire :

$$I(T) = I_{\text{classique}} \left[1 - \frac{\rho_s(T)}{\rho} \right] \qquad (1.32)$$

Le rapport $\rho_s(T)/\rho$ est aussi noté "NCRI" pour 'Non Classical Rotational Inertia'. Dans cette expérience, à faible vitesse, le superfluide n'est pas entraîné par les disques. Cependant, au delà d'une vitesse critique, on observe la formation de tourbillons dans le fluide dont le nombre augmente avec la vitesse. Plus il y a de tourbillons et plus la dissipation augmente, plus la fraction superfluide diminue. Il existe de nombreuses propriétés remarquables du superfluide comme l'effet fontaine, le second son, la quantification des tourbillons... Ces effets, ainsi que l'histoire de leur découverte sont résumés dans la revue de Balibar [29]. Voyons maintenant ce qu'il en est de l'hélium dans l'état solide.

1.2.2 Un cristal quantique

L'interaction entre deux atomes de gaz rare comme l'^{4}He est régie par une attraction de Van der Waals et une répulsion de cœur dur. Elle est bien décrite, en première approximation, par le potentiel de Lennard-Jones :

$$E_{LJ}(r) = 4E_0 \left[\left(\frac{r_0}{r} \right)^{12} - \left(\frac{r_0}{r} \right)^{6} \right] \qquad (1.33)$$

1.2. L'HÉLIUM-4 SOLIDE

dépendant de deux paramètres : E_0 la profondeur du puits de potentiel et r_0 le rayon du cœur dur. Dans le cas de l'hélium, on trouve que ce puits est de l'ordre de 10 K pour $r_0 \approx 2,5$ Å [30]. L'hélium possède donc une masse et une interaction interatomique très faibles. Ainsi sous sa phase condensée, les fluctuations quantiques des atomes d'hélium, dite *de point zéro* sont importantes. La relation d'Heisenberg s'écrit :

$$\Delta p \sim \frac{\hbar}{\Delta x} \quad (1.34)$$

$\hbar$ est la constante de Planck réduite et $\Delta x \approx a - d_{\text{He}}$ est l'amplitude des fluctuations de l'atome avec a le paramètre de maille et d_{He} le diamètre de l'hélium-4. Pour un atome de masse m l'*énergie cinétique quantique de point zéro* de l'atome d'^{4}He est donc :

$$E_{\text{zero}} = \frac{\Delta p^2}{2m} \sim \frac{\hbar^2}{2m(a - d_{\text{He}})^2} \quad (1.35)$$

On trouve des énergies de l'ordre de 15 K comparables à l'énergie d'interaction, ce qui fait de l'hélium un cristal quantique.

Une conséquence directe de ce résultat est que les fluctuations des atomes sont très grandes devant la distance entre atomes. Le critère empirique de Lindemann [31] prédit que les fluctuations des atomes autour de leurs positions d'équilibre vaut 10% lorsque le cristal est sur sa courbe de fusion. Dans le cas de l'hélium solide on remarque que ces fluctuations sont de l'ordre de 26% [32].

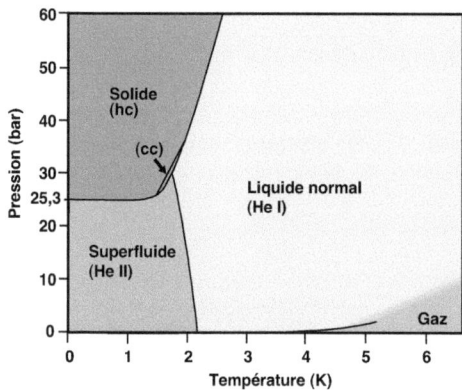

FIGURE 1.17 – Diagramme de phases (P,T) de l'^{4}He. On remarque la phase gazeuse, les deux phases liquide He I et He II et les phases solide hexagonale compacte (hc) et cubique centrée (cc).

Une seconde conséquence est que outre son volume molaire très important ($\sim$28 cm^3/mole à $P = 0$), l'hélium est le seul élément à rester liquide au zéro absolu à pression atmosphérique, comme on peut le voir sur son diagramme de phases (Figure 1.17). Ce n'est qu'en appliquant des pressions supérieures à 25,3 bars que l'on peut solidifier l'hélium-4. De plus, sa pression de fusion en-dessous de 1,5 K est quasi-constante en fonction de la température. Même l'hydrogène, bien que plus léger que l'hélium, se solidifie à 14 K à pression atmosphérique car ses forces interatomiques sont plus grandes. La première solidification de l'^{4}He fut réalisée en 1926 par Keesom à Leiden. On peut aussi citer parmi d'autres propriétés insolites l'existence d'ondes de cristallisation à l'interface liquide-solide de l'^{4}He. À basse température, en dessous de 0,5 K, le cristal croît et fond si facilement qu'on peut observer ces ondes se propageant sur la surface, comme si on regardait la surface libre d'un liquide. Ce phénomène prédit en 1978 par Andreev et Parshin [33] a été observé dès l'année suivante par Keshishev et al. [34,35].

Enfin, de par ses fluctuations quantiques importantes, l'^{4}He solide semble un bon candidat, sinon le meilleur, pour observer la *supersolidité*. Un *supersolide* est un solide qui présente des propriétés superfluides. Un solide est caractérisé par sa résistance élastique à un cisaillement. Cela provient du fait que les atomes qui le composent bien que fluctuant autour d'une position d'équilibre restent *localisés*. Au contraire dans un liquide, les atomes ne sont pas localisés et la résistance à un cisaillement est nulle, le liquide coule. La superfluidité est une conséquence de la condensation des atomes dans leur état fondamental et elle n'apparaît que si les atomes sont des bosons et qu'ils sont indiscernables. Ainsi l'état supersolide peut paraître paradoxal : comment les atomes peuvent-ils être à la fois localisés donc discernables (solide) et indiscernables (superfluide) ? Cet état de la matière a été discuté théoriquement dès 1969 par Thouless [36], Andreev et Lifshitz [37], Reatto [38], Chester [39], Leggett [40], Penrose [41]...

Le modèle d'Andreev et Lifshitz considère qu'un cristal quantique avec de larges fluctuations des atomes pourrait contenir une densité non nulle de lacunes à $T = 0$ K. Ces lacunes ont la même statistique que les atomes du cristal et ne sont pas discernables à $T = 0$ K car elles échangent leurs positions avec des atomes par effet tunnel. Dans un cristal d'^{4}He, les lacunes sont en effet des bosons donc sont des quasiparticules libres qui, en dessous d'une température critique qui dépend de leur densité, peuvent devenir indiscernables et subir la condensation de Bose Einstein. Un condensat de Bose-Einstein avec interactions est superfluide. Or comme des lacunes se déplaçant dans une direction équivaut à des atomes se déplaçant dans le sens opposé, cela confère au cristal des propriétés superfluides. Théoriciens et expérimentateurs se sont beaucoup ré-intéressés à la possibilité que l'^{4}He solide soit supersolide depuis sa découverte apparente par Kim et Chan en 2004 [42,43]. On pourra trouver un résumé de ces travaux dans les revues de Balibar et al. [44,45]. Outre ses propriétés quantiques, l'hélium-4 solide est aussi un cristal très simple avec peu de fluctuations thermiques et une extrême pureté ce qui en fait un modèle possible en science des matériaux.

1.2.3 Science des matériaux et helium-4 solide

1.2.3.1 Propriétés du solide

De nombreuses caractéristiques de l'hélium ne sont pas liées à ses propriétés quantiques, mais surtout à son extrême pureté. En effet, la seule impureté de l'^{4}He

1.2. L'HÉLIUM-4 SOLIDE

à basse température est son isotope léger, l'^{3}He qui lui même peut être filtré à travers un poreux ou avec un contre courant de chaleur [46]. La concentration d'^{3}He peut ainsi descendre en dessous de 10^{-12} alors qu'elle est de 300×10^{-9} (300 ppb) dans l'hélium naturel. De plus, comme le liquide n'a pas de viscosité, le transport de chaleur par convection peut être très grand. Par conséquent, les équilibres thermodynamiques sont atteints très rapidement et les écarts à l'équilibre peuvent être très faibles, ce qui est peu commun dans la physique des cristaux. Ainsi de nombreuses propriétés d'interfaces (transitions rugueuses, ondes de cristallisation...) mais aussi élastiques sont accessibles dans l'hélium, alors qu'elles sont masquées ou difficiles à observer à cause de la diffusion de la chaleur ou l'adsorption d'impuretés dans les cristaux classiques. D'autres propriétés de l'hélium comme la possibilité à pouvoir se déplacer sur la courbe de fusion en variant la température sans changer la pression ou ses caractéristiques élastiques en font un très bon système d'étude pour la science des matériaux. Les résultats obtenus avec l'hélium pourraient être d'un grand intérêt pour l'étude des solides classiques.

Dans ce qui suit, nous nous intéresserons aux propriétés du cristal d'hélium dans sa structure hexagonale compacte (hc) puisque c'est celle que nous étudierons dans la suite. Sa maille est caractérisée par deux distances caractéristiques dans deux directions : a dans le plan de base et c dans le plan prismatique (perpendiculaire au plan de base, voir Figure 1.1). Dans une structure parfaitement compacte, le rapport c/a de ces deux longueurs vaut $\sqrt{8/3} = 1,633$. Dans le cristal d'^{4}He, de nombreuses mesures de biréfringence optique, de diffraction rayons-X ou de neutrons ont permis de mesurer ce rapport comme étant 1,63 [47], soit en accord avec la valeur de la structure hc parfaite, 1,633. Cela s'explique par le fait que l'hélium-4 solide est un empilement de sphères dures avec une interaction isotrope à courte distance. Cette valeur est quasi-constante entre 26 et 200 bars. La distance a entre deux atomes du plan de base vaut 3,67 Å à $P_{\text{eq}} = 25, 3$ bars donc la distance c est égale à 5,985 Å [32].

De même que les distances interatomiques, les coefficients élastiques de l'^{4}He hexagonal ont été mesurés par diverses méthodes acoustiques permettant de calculer la vitesse du son dans les différentes directions. Ces mesures qui ont été effectuées à 10 MHz par Crepeau et al. à 1,32 K [48], et Greywall à 1,2 K [49] permettent d'obtenir les valeurs suivantes pour un cristal de volume molaire $V_{\text{m}} = 20, 97$ cm^{-3}/mol :

$$
\begin{aligned}
c_{11} &= (4, 05 \pm 0, 04) \times 10^7 \text{ Pa} \\
c_{12} &= (2, 13 \pm 0, 06) \times 10^7 \text{ Pa} \\
c_{13} &= (1, 05 \pm 0, 13) \times 10^7 \text{ Pa} \\
c_{33} &= (5, 54 \pm 0, 22) \times 10^7 \text{ Pa} \\
c_{44} &= (1, 24 \pm 0, 02) \times 10^7 \text{ Pa}
\end{aligned}
$$

À de telles températures, l'amortissement du mouvement des dislocations est grand car il croît avec la fréquence et T^3. Les dislocations sont donc totalement fixes à 10 MHz. Ainsi, les valeurs de ces coefficients correspondent à l'élasticité du réseau seule sans contribution des mouvements de dislocations.

1.2.3.2 Mouvement des impuretés d'hélium-3

Nous avons vu dans le chapitre précédent, que le rôle des impuretés était important pour décrire les propriétés élastiques, en particulier leur diffusion à travers le solide. Dans un cristal quantique, les fluctuations de chaque atome autour de sa position d'équilibre sont très grandes, d'amplitude proche de 26% de la distance interatomique [32]. L'^{3}He ayant une masse plus faible que l'^{4}He, ses fluctuations sont plus importantes et le volume libre au voisinage d'un atome d'^{3}He est alors plus grand que pour son isotope lourd. Cela implique donc une compression du réseau autour de cet atome. C'est pour cette raison que l'^{3}He est considéré comme une impureté. De plus ces fluctuations font que les fonctions d'ondes de chaque atome se recouvrent avec celles des voisins et les échanges par effet tunnel entre atomes d'^{4}He ou d'^{3}He sont fréquents. Cette diffusion quantique peut conduire d'après Andreev et Lifshitz [37] à la délocalisation des particules d'^{3}He qu'on peut alors appeler des *impuritons*. C'est bien ce qu'ont observé Schratter et Allen [50, 51] dans les années 80 puis Sullivan en 1995 [52] avec des mesures de RMN. Ces auteurs montrent qu'en dessous de 0,8 K, la diffusion des impuretés est indépendante de la température car elle n'est plus limitée par les collisions avec les phonons. Le coefficient de diffusion D dans ce régime est alors donné expérimentalement en fonction de la concentration en impuretés χ_3 :

$$D = \frac{2,6 \times 10^{-11}}{\chi_3} \quad \text{cm}^2/\text{s} \tag{1.36}$$

On peut alors considérer les impuretés d'^{3}He comme des quasiparticules balistiques dont le libre parcours n'est limité que par leurs collisions mutuelles et dans la cas où leur concentration est faible, par la taille de l'enceinte. Si on note J_{34} la *fréquence angulaire d'échange* entre une particule d'^{3}He et une particule d'^{4}He, on peut relier un coefficient de diffusion à ce régime balistique qui s'écrit [50] :

$$D = \frac{\pi J_{34} a^2}{12 \sigma \chi_3} \tag{1.37}$$

La section efficace σ de l'^{3}He est reliée à son libre parcours moyen λ par $\lambda^{-1} = \frac{4}{3}\sigma\chi_3$. À partir de là, on peut donc calculer le libre parcours moyen d'une quasiparticule d'^{3}He. Dans le cas d'une concentration naturelle de 300 ppb, on trouve $\lambda \approx 500$ m ! À l'échelle de nos expériences, c'est exactement comme s'il n'y avait aucune collision entre ^{3}He, mais seulement avec les parois de la cellule.

Afin de déterminer la vitesse moyenne d'une impureté d'^{3}He dans la masse du cristal, on peut considérer une bande simple à une dimension telle que $E_K = \frac{\Delta E}{2}[1 - \cos(Ka)]$ avec ΔE la largeur de bande. Alors la vitesse de groupe maximale est donnée par :

$$v_{\max} = \frac{a \Delta E}{2\hbar} \tag{1.38}$$

et la vitesse quadratique moyenne est :

$$\left\langle v^2 \right\rangle = \frac{1}{8}\left(\frac{a \Delta E}{\hbar}\right)^2 \tag{1.39}$$

Dans le cas du cristal d'hélium-4, la largeur de bande vaut $\Delta E = z\hbar J_{34}$ avec $z = 12$, la coordination de la maille hexagonale. On obtient donc :

$$v_{\max} = 6aJ_{34} \quad \text{et} \quad v_{\text{moy}} = \sqrt{\langle v^2 \rangle} = 3\sqrt{2}a^2 J_{34}^2 \tag{1.40}$$

Sullivan effectue un calcul plus complexe qui considère une bande à trois dimensions et obtient le même résultat pour la vitesse moyenne [52].

La valeur de J_{34} est obtenue à partir de mesures de transport par RMN. En fonction des auteurs, il existe une grande incertitude sur la valeur exacte de cette fréquence. Selon Allen et al. en 1982 [50], $J_{34}/2\pi$ serait compris entre 0,1 et 1 fois J_{33}, la fréquence d'échange ^{3}He-^{3}He, avec $J_{33}/2\pi = 0,6$ MHz à 21 cm^3/mol [37]. On aurait donc $J_{34}/2\pi$ compris entre 0,06 MHz et 0,6 MHz. En 1995, Sullivan [52] propose $J_{34}/2\pi = 0,42J_{33}/2\pi = 0,23$ MHz en réajustant les résultats d'Allen avec son modèle. Des articles plus récents de Sullivan proposent même des valeurs de $J_{34}/2\pi$ très élevées allant jusqu'à 1,8 MHz [53]. À partir de toutes ces valeurs, on obtient des vitesses moyennes entre 600 μm/s et 1,2 cm/s.

Enfin notons que de nombreuses études sur les propriétés élastiques et plastiques de l'hélium ont déjà été menées, mais rares sont celles qui utilisent des monocristaux d'hélium plutôt que des polycristaux aux propriétés quasi-isotropes. Même si Greywall en 1971 arrive à mesurer l'orientation grâce à des photographies de Laue [54], cette mesure reste un point délicat pour les études des monocristaux sauf si l'on a un accès optique à leur forme de croissance comme nous allons le voir plus loin. De plus l'observation directe des dislocations dans l'hélium est beaucoup plus difficile que dans les métaux. À ce jour seules les topographies rayon-X d'Iwasa en 1995 [55] ont permis d'observer les dislocations d'une part mais aussi leur regroupement en joints de grains faibles. Ces derniers sont trouvés perpendiculaires au plan de base et semblent s'orienter selon trois directions privilégiées.

L'hélium solide est donc un matériau toujours très étudié tant pour ses propriétés élastiques que pour ses propriétés quantiques. Dans la section suivante nous décrirons comment nous en sommes arrivés à étudier les propriétés élastiques et plastiques de l'^{4}He solide dans notre laboratoire. Pour cela nous revenons brièvement sur la découverte de ce qui fut considéré comme une signature de la supersolidité dans l'^{4}He et sur la découverte de l'anomalie élastique qui a suivi.

1.3 De la supersolidité à la plasticité

1.3.1 Une anomalie de rotation

1.3.1.1 Premières observations

L'oscillateur de torsion (TO) a été largement utilisé pour l'étude de l'hélium superfluide. Depuis l'expérience d'Andronikashvili en 1946 [28], John Reppy ainsi qu'Henry Hall ont considérablement amélioré la technique atteignant des facteurs de qualité de $Q \sim 10^6$ grâce à l'utilisation d'une tige de torsion en BeCu. Cet alliage après un traitement thermique à 500°C possède de très bonnes propriétés mécaniques avec très peu de dissipation et une forte reproductibilité. Ces améliorations offrent une plus grande precision de mesure, ce qui a permis la mise en évidence de phénomènes plus fins comme la transition de Kosterlitz-Thouless dans les films d'hélium liquide [56]. En 1970 A. J. Leggett proposa l'utilisation d'un oscillateur de torsion pour mesurer la possible fraction superfluide de l'hélium solide [40]. Selon lui elle devrait être très faible, de l'ordre de 0,01%. Une telle precision serait possible aujourd'hui compte tenu des progrès de la technique de mesure.

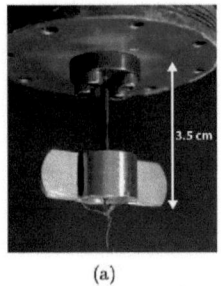
(a)

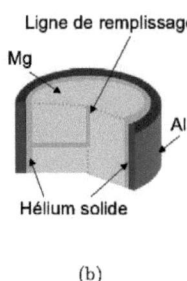
(b)

FIGURE 1.18 – Photo (a) et schéma (b) du second oscillateur de Kim et Chan [42,43] où l'hélium solide remplit un anneau en bleu clair.

Un première tentative d'observation réalisée par Bishop, Paalanen et Reppy échoue en 1981 [57]. Ce n'est que 23 ans plus tard en 2004, que Kim et Chan [42,43] réussissent à mesurer une anomalie de rotation pouvant être la signature de la supersolidité. Cette anomalie pouvait correspondre à une fraction superfluide comprise entre 1,2% et 2% dans de l'^{4}He solide confiné dans du Vycor (un verre poreux, $d_{\text{pores}} \sim 7$ nm). L'oscillateur possède une fréquence propre de 1024 Hz. Les résultats sont présentés sur la Figure 1.19. Les échantillons d'^{4}He solide à 300 ppb d'^{3}He sont formés à des pressions autour de 62 bars en fin de croissance. Les auteurs observent une chute de la période d'environs 20 ns en dessous de 175 mK. Les échantillons à forte concentration d'^{3}He ont une transition à plus haute température et plus étalée.

Une deuxième expérience de Kim et Chan utilise un oscillateur de torsion de fréquence propre 912 Hz avec un espace annulaire de 0,9 mm rempli d'hélium-4 (voir Figure 1.18). Dans cette cellule, ils étudient une vingtaine de polycristaux et observent des fractions superfluides entre 0,7% et 1,7% comme le montre la Figure 1.19. Cette fraction diminue lorsque la vitesse radiale augmente et comme pour le modèle à deux fluides de la superfluidité, ils définissent une vitesse critique de 10 μm/s au-delà de laquelle la fraction superfluide commence à diminuer.

La chute de la période est accompagnée d'un pic de dissipation dont le maximum se trouve au milieu de la transition aux environs de 60 mK. Ce comportement est très différent de ce que l'on observe lors de la transition superfluide, pour laquelle la dissipation diminue lorsque la température diminue. Le modèle des deux fluides ne suffit pas à expliquer la variation de la dissipation dans cette expérience.

Kim et Chan continuèrent leurs investigations en ajoutant une barrière dans

1.3. DE LA SUPERSOLIDITÉ À LA PLASTICITÉ

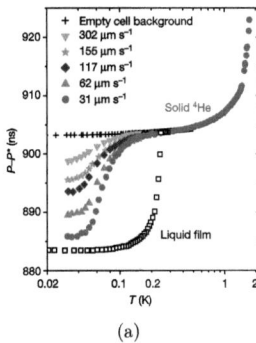
(a)

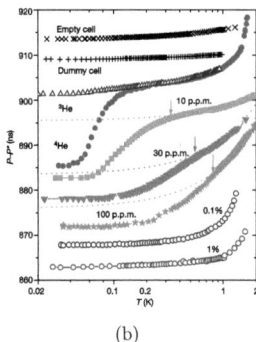
(b)

FIGURE 1.19 – Changement de la période dans l'expérience de Kim et Chan [42, 43] en fonction de la température et pour différentes vitesses (a) et concentrations (b).

l'espace annulaire contenant l'hélium de leur oscillateur dans le but de bloquer le courant superfluide. Ils observèrent que la NCRI diminuait de 98,5% comparée à la précédente. Ces résultats ont été interprétés comme la preuve que la barrière interdit effectivement les courants superfluides principaux mais les courants de faibles boucles de courants sont toutefois permis ce qui ne supprime pas totalement la NCRI. Cette expérience a été répétée avec succès par Rittner *et al.* [58] mais son interprétation a beaucoup évoluée.

Depuis, de nombreux autres groupes ont étudié et ont confirmé ce changement de la période dans un oscillateur de torsion rempli d'hélium solide [59–66].

1.3.1.2 Premiers modèles de supersolidité

Peu de temps après ces découvertes les modèles de supersolidité ont été quelque peu revisités. Comme nous l'avons vu dans la section précédente, le modèle de Andreev et Lifshitz [37] nécessite l'existence de lacunes pour former un état supersolide. La première interrogation fut donc la présence des lacunes dans les cristaux d'hélium. Selon Fraass *et al.* [67], l'énergie de lacune vaudrait 8 K dans l'^{4}He, ce qui fait que leur densité serait négligeable à 0,1 K. Des simulations de Monte Carlo effectuées par Boninsegni *et al.* [68] permettent de calculer des énergies de 13 K. Malgré l'existence de controverses sur ces deux études, on peut affirmer que l'énergie de lacune vaut autour de 10 K et donc qu'il n'y en aurait pas à basse température.

La question suivante fut de savoir si la présence de lacunes était nécessaire ou non à l'existence d'un état supersolide. Prokof'ev *et al.* [69] affirment que sans lacunes il ne peut y avoir de supersolidité. En effet si la fonction d'onde de la fraction supersolide est bien définie, alors il est nécessaire d'avoir des fluctuations de la densité ou du nombre N d'atomes condensés car c'est la conjuguée de la phase de la fonction d'onde. Pour cela il faudrait que l'énergie des lacunes soit nulle ce qui ne peut être vrai dans une partie continue du diagramme de phases, seulement pour une valeur particulière de la pression (ou de V_m). De plus, même si c'était le cas, comme l'interaction entre les lacunes est attractive, un cristal incommensurable avec une densité de lacunes finie serait instable dans sa phase solide par rapport au liquide.

On pourra noter cependant les objections et les résultats théoriques obtenus par le groupe de Reatto [70, 71] selon qui le cristal d'^{4}He reste stable même si il est incommensurable, en présence de lacunes à $T = 0$ K. Mais ces lacunes formeraient alors des lignes un peu comme des dislocations et ce sont ces lignes et non pas les lacunes seules qu'il faudrait considérer pour modéliser la supersolidité.

1.3.2 Une anomalie élastique

1.3.2.1 Expériences de Day et Beamish

En 2007, suite à la découverte de Kim et Chan et dans le but de comprendre l'origine de la NCRI, Day et Beamish ont effectué des mesures directes du module de cisaillement dans de l'hélium solide [72]. Les polycristaux obtenus en refroidissant la cellule à volume constant remplissent un interstice de 0,2 à 0,5 mm compris entre deux transducteurs piézoélectriques (PZT 5A avec un coefficient piézoélectrique $d_{15} = 1,0$ Å/V à basse température). Ils appliquent alors une contrainte de cisaillement avec l'une des céramiques et mesurent directement la réponse, c'est-à-dire la contrainte générée par cette déformation sur la seconde sous la forme d'un courant. L'excitation est alternative avec des fréquences entre 0,5 Hz et 8 kHz. La partie réelle du signal permet de remonter au module de cisaillement et la partie imaginaire à la dissipation. Une partie des résultats expérimentaux est présentée sur les Figures 1.20 et 1.21.

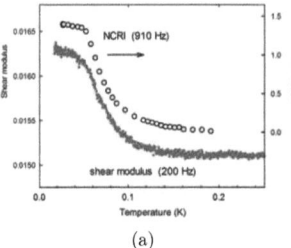
(a)

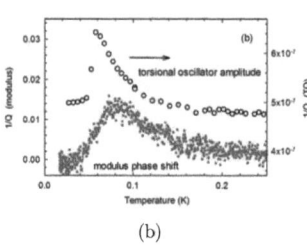
(b)

FIGURE 1.20 – Module de cisaillement (a) et la dissipation correspondante (b) à 200 Hz dans un cristal à 33 bars (points verts) [72] et NCRI (a) avec la dissipation associée (b) à 910 Hz dans un cristal à 51 bars (points blancs) [43].

Les premières mesures ont révélé une augmentation inattendue de l'ordre de 5% à 20% du module de cisaillement en dessous de 200 mK [72, 73]. La dépendance en température du module de cisaillement ressemble étrangement à celle de la NCRI mesurée dans les oscillateurs de torsion. La Figure 1.20 compare les deux expériences. De même que le module de cisaillement, les dissipations mesurées dans

1.3. DE LA SUPERSOLIDITÉ À LA PLASTICITÉ

les deux systèmes sont parfaitement similaires. Cette ressemblance suggère que les deux anomalies sont étroitement liées. Cela est d'ailleurs confirmé par des études en fonction de l'amplitude de l'excitation et en fonction de la pureté de l'hélium. La Figure 1.21(a) montre la dépendance de l'anomalie élastique en fonction de la tension appliquée [74]. La variation du module de cisaillement est réduite pour de grandes amplitudes d'oscillations. Ce comportement est comparable à celui de la NCRI quand la vitesse de l'oscillateur de torsion augmente. De plus des effets d'hystérésis similaires lors de ces cycles en amplitude ont été observés dans les deux cas.

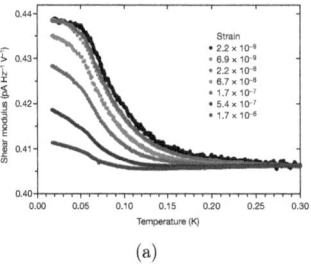
(a)

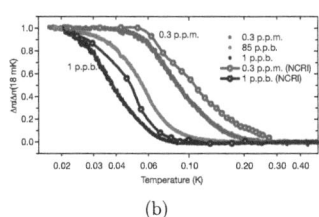
(b)

FIGURE 1.21 – En (a), la variation du module de cisaillement est étudiée en fonction de la température pour différentes contraintes appliquées. En (b), les mesures de cisaillement sont comparées aux mesures de NCRI à différentes concentrations en ^{3}He [72].

Comme pour la NCRI, la variation du module de cisaillement est très sensible à la concentration d'^{3}He dans l'^{4}He. La Figure 1.21(b) montre la dépendance en température du changement de module de cisaillement $\Delta\mu$ normalisé sur la valeur à 18 mK, pour des cristaux d'^{4}He de concentrations en ^{3}He de 300 ppb, 85 ppb et 1 ppb. La température de la transition diminue lorsque la concentration diminue de façon très similaire à ce qui a été observé dans les oscillateurs de torsion.

1.3.2.2 Modèle de piégeage par les impuretés

Les dislocations comme nous l'avons vu dans la partie 1.1 sont les seuls défauts connus capables de produire de telles variations du module de cisaillement. Elles fournissent une explication classique simple à l'ensemble des comportements de l'anomalie élastique, qui a été proposée par le groupe de Beamish en 2007. À basse température, les ^{3}He s'attachent aux dislocations et les empêchent de se déplacer, ce qu'elles devraient faire en réponse à une contrainte. La longueur de dislocation entre deux impuretés L_i est réduite ce qui diminue la contribution des dislocations au module de cisaillement proportionnellement à ΛL_i^2. On a donc une augmentation du module de cisaillement effectif. Quand la température augmente, les impuretés s'évaporent des lignes, ce qui augmente la longueur libre des dislocations et réduit donc le module de cisaillement effectif. A plus haute température, les seuls points d'ancrage restants pour les dislocations sont ceux du réseau et la longueur libre vaut L_N. Les différences entre les échantillons s'expliquent alors par le fait que chaque cristal possède un réseau de dislocations différent. Dans un monocristal où la densité de dislocations est censée être plus faible, on s'attend à une grande variation du module de cisaillement si le produit ΛL^2 est plus grand.

Le modèle du piégeage des dislocations permet aussi d'expliquer les courbes d'amplitude comme celles présentées sur la Figure 1.21(a). Les contraintes appliquées au cristal exercent une force sur les lignes de dislocation qui, lorsqu'elle est suffisamment forte, va détacher la ligne de l'impureté. La contrainte nécessaire pour ce décrochage dépend donc de l'énergie de piégeage de l'^{3}He et de la distance L_i entre deux points d'ancrage. Des mesures ultrasonores [75] permettent de mesurer une contrainte seuil de 4 Pa, correspondant à une déformation de $\varepsilon \approx 2 \times 10^{-7}$ ce qui est très proche de ce qui est observé par Day et Beamish. Pour de grandes contraintes, les impureté d'^{3}He sont incapables de piéger les dislocations et le module de cisaillement est à sa plus basse valeur. Ce modèle permet aussi d'expliquer l'hysteresis observée lors de ces cycles entre le refroidissement et le réchauffement. À forte contrainte, les dislocations sont de longueur L_N et oscillent avec une grande amplitude à grande vitesse. Les impuretés d'^{3}He ne sont pas capables de s'accrocher et de piéger ces lignes. Quand l'amplitude de l'excitation est réduite, la vitesse d'oscillation des lignes de dislocations diminue aussi ce qui permet aux ^{3}He de les piéger. Quand l'amplitude est augmentée à nouveau, les lignes sont courtes de longueur L_i et sont donc difficiles à décrocher puisque la force nécessaire est inversement proportionnelle à L_i. Il faut alors atteindre une contrainte plus élevée avant de pouvoir libérer les dislocations et réduire le module de cisaillement.

Si on identifie le ramollissement du cristal au décrochement des impuretés d'^{3}He des lignes de dislocation sous l'effet de l'agitation thermique, alors on peut aussi comprendre la dépendance en fonction de la concentration d'impuretés ^{3}He (voir Figure 1.21(b)). La première impureté à piéger la dislocation est celle qui a le plus d'effet puisqu'elle réduit la longueur L_N de moitié. Ainsi, au milieu de la transition, la concentration sur la ligne χ_D vaut environ a/L_N avec a le paramètre de maille. Et comme la concentration sur la ligne peut s'écrire $\chi_D = \chi_3 e^{\frac{E_B}{k_B T}}$, la température de la transition vaut donc :

$$T_P = \frac{-E_B}{k_B} \frac{1}{\ln\left(\frac{L_N \chi_3}{a}\right)} \tag{1.41}$$

À partir de cette équation, le groupe de Beamish avait obtenu une énergie de piégeage $E_B \approx 0,385$ K pour une longueur de dislocation de 10 μm en utilisant des mesures à trois concentrations d'impuretés différentes (1, 85 et 300 ppb) [72]. Cette valeur est comparable à celle de 0,3 K obtenue par Iwasa et Suzuki qui utilisent un modèle similaire pour ajuster leurs mesures ultrasonores de longueurs de dislocations [75].

1.3.2.3 Étude en fréquence

Contrairement aux expériences d'oscillateur de torsion qui ont une fréquence propre pratiquement fixée, les mesures de Day et Beamish peuvent être réalisées sur

1.3. DE LA SUPERSOLIDITÉ À LA PLASTICITÉ

une large gamme de fréquence, de 0,5 Hz jusqu'à 8 kHz. Au-delà, des résonances dans la cellule interfèrent avec le signal provenant des céramiques. Ils ont découvert que la température de la transition T_{trans} (définie soit au pic de la dissipation, soit au milieu de la transition du module de cisaillement) augmente avec la fréquence mais que l'amplitude de la variation du module de cisaillement reste identique. Ces résultats sont cohérents avec ce qui a été observé dans le TO à double fréquence de résonance (496 Hz et 1173 Hz) de Aoki et al. [61]. Cette dépendance en fréquence ainsi que le pic de dissipation associé à la transition ou la largeur de cette transition indiquent bien que nous sommes en présence d'une transition progressive dans un système de temps de relaxation variables plutôt que d'une vraie transition de phase. Les études de Syshchenko et al. en fonction de la fréquence angulaire ω [76], dont les résultats sont présentés sur la Figure 1.22 donnent une mesure directe de la dépendance en température du temps de relaxation τ dans un tel système puisque la transition apparaît quand $\omega\tau = 1$.

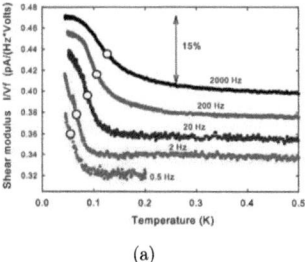
(a)

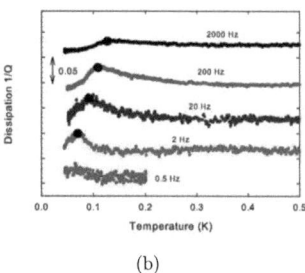
(b)

FIGURE 1.22 – Dépendance en fréquence de la variation du module de cisaillement (a) et de la dissipation (b) dans un cristal d'^{4}He [76]. Les points représentent le milieu de la transition (en blanc) ou le pic de dissipation (en noir).

Un graphique d'Arrhenius (ln ω en fonction de $1/T$) confirme que c'est un mécanisme thermiquement activé avec une énergie d'activation de $E = 0,77$ K ou $E = 0,73$ K selon deux échantillons différents. Ces valeurs sont supérieures d'un facteur 2 à l'estimation de 0,385 K faite précédemment à partir de la variation de la température de transition en fonction de la concentration en impuretés. Toutefois, cette estimation est basée sur la concentration d'impuretés sur la ligne de dislocation à l'équilibre et ne permet pas d'expliquer une quelconque dépendance en fréquence de la transition. Ce désaccord avec les observations permet de douter de la véracité de cette valeur. La valeur de 0,77 K par contre reflète bien la dynamique des dislocations en présence d'atomes d'^{3}He. Cela pourrait représenter l'énergie de piégeage de l'^{3}He sur la dislocation et la dislocation ne pourrait se déplacer qu'en excitant suffisamment les atomes d'^{3}He pour les sortir de leurs puits de potentiel. Une autre explication serait que les dislocations se déplacent en trainant avec elles les atomes d'^{3}He ce qui impliquerait différentes barrières d'énergie. Nous reviendrons plus en détail sur ce problème dans le Chapitre 3.4.

1.3.2.4 Expériences récentes

Depuis, plusieurs autres groupes ont étudié les propriétés élastiques de l'hélium solide. Leur résultats, généralement en bon accord avec les observations précédentes, apportent de nouveaux points importants. À l'ENS l'expérience de Rojas *et al.* [77] mesure les résonances acoustiques dans une cavité remplie d'hélium solide pour en extraire le module de cisaillement. Les cristaux sont formés à partir du superfluide à 20 mK. Cela permet d'une part de produire des monocristaux de bonne qualité mais permet aussi d'éliminer l'ensemble des impuretés isotopiques [78]. Nous détaillerons ces méthodes dans le Chapitre 2.4. La comparaison entres les monocristaux et les polycristaux de Day et Beamish (voir Figure 1.23(a)) permet de confirmer que ce sont bien les dislocations et non pas les joints de grains qui jouent un rôle dans la variation du module de cisaillement. De plus, en l'absence d'^{3}He pour piéger les dislocations, ces cristaux sont mous même à basse température. En réchauffant l'échantillon jusqu'à 300 mK, les atomes d'^{3}He rediffusent dans le solide et le cristal durcit. Cela confirme le rôle des impuretés isotopiques dans le mécanisme de durcissement du cristal. La fréquence de résonance mesurée varie jusqu'à 20% (voir Figure 1.23(b)) ce qui si on considère que seul c_{44} est impliqué dans le changement du module de cisaillement (ce qui serait le cas si les dislocations glissaient préférentiellement dans les plans de base), permet d'estimer des variations de c_{44} de près de 86%. De telles variations du module de cisaillement ont été aussi observées dans d'autres expériences d'acoustique [79] et ne peuvent pas être expliquées si les dislocations sont arrangées dans un réseau de Franck. Cela indiquerait au contraire que le réseau est polygonisé et que les dislocations dans l'^{4}He solide sont arrangées en joints de grains faibles.

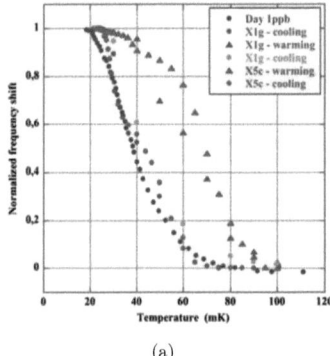
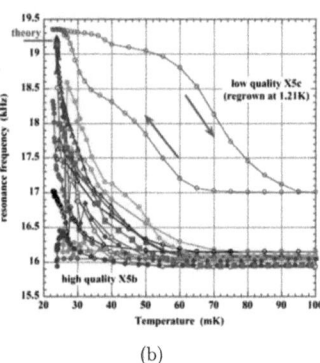

(a)   (b)

FIGURE 1.23 – (a) Comparaison entre la variation du module de cisaillement dans deux monocristaux étudiés par Rojas *et al.* [77] et celle dans un polycristal de Day et Beamish [72]. (b) Variation pour de nombreux cycles sur un cristal de bonne qualité (X5b) et sur un cristal de moins bonne qualité (X5c) montrant une hystérésis [77].

1.3.3 Artefacts élastiques sur l'oscillateur de torsion

Comme nous l'avons vu, le changement de période du TO est très similaire à celui du module de cisaillement. Il semblerait possible que le comportement du TO ne soit qu'un artefact du changement d'élasticité de l'hélium qui mime la perte d'inertie. Cet effet doit être très faible compte tenu que le module de cisaillement de l'^{4}He est très faible devant celui du BeCu ($\mu_{He}/\mu_{BeCu} \approx 2,8 \times 10^{-4}$) dont sont faits les TO. Toutefois le changement de la fréquence du TO est lui aussi très faible.

L'amplitude de la NCRI dépend énormément de la géométrie de la cellule et du TO. Si la tête de l'oscillateur n'est pas complètement rigide, dans le cas par exemple d'une géométrie avec une paroi extérieure très fine ou si le TO a des parties mobiles intérieures, alors le durcissement de l'^{4}He solide peut accroître la rigidité du TO augmentant ainsi sa fréquence. Cet effet connu sous le nom de "glue effect" est encore plus important quand l'hélium est confiné dans un anneau proche de la surface extérieure [80].

Même si la cellule est assez rigide, l'hélium qui est très mou se découple élastiquement du reste de l'oscillateur, oscillant avec un déphasage à une amplitude plus élevée. Son durcissement réduit ce comportement ce qui augmente la fréquence du TO. Cet effet est réduit lorsque l'hélium est confiné dans un volume étroit et qu'il varie alors en ω^2 ce qui permet de le distinguer d'un véritable changement d'inertie [81,82], c'est-à-dire une supersolidité où la variation de la période doit être dépendante de ω.

Mais dans la plupart des TO, la tige de torsion est généralement fixée au centre de l'une des extrémité de la cellule cylindrique remplie d'hélium. Ainsi, bien que le module de cisaillement du métal soit plusieurs ordres de grandeur au-dessus de celui de l'^{4}He, si la surface sur laquelle la tige de torsion est attachée est assez fine, alors l'hélium solide peut jouer un rôle prédominant dans la transmission de la torsion depuis la tige vers le reste de la cellule. Dans ce cas la fréquence du TO peut croître significativement lorsque l'^{4}He se rigidifie [83].

Enfin, la façon la plus directe par laquelle l'hélium solide peut affecter la fréquence du TO est via sa contribution à la rigidité de la tige de torsion elle-même. Dans la plupart des expériences de TO, l'hélium est injecté via un canal traversant la longueur de la tige de torsion. Ainsi quand l'^{4}He durcit, il rigidifie aussi la tige de torsion [84]. Cet effet indépendant de la fréquence est très difficile à distinguer d'un changement d'inertie. Si une telle tige de torsion possède un rayon extérieur r_{ext} et un rayon intérieur r_{int}, alors le changement de frequence du TO causé par celui du module de cisaillement de l'hélium est donné par :

$$\frac{\Delta f_{\text{élastique}}}{f_0} = \frac{1}{2} \frac{\mu_{He}}{\mu_{tige}} \frac{1}{\left(\frac{r_{ext}}{r_{int}}\right)^4 - 1} \quad (1.42)$$

Ce changement est donc très sensible (à la puissance 4) aux rapports des rayons de la tige de torsion. Dans la plupart des expériences, il varie entre 1,25 [59] et 10 [58] avec une certaine incertitude due à la difficulté à usiner de telles pièces. En mesurant cet effet dans les différentes expériences de TO et en le comparant aux variations de fréquence effectivement mesurées, on peut alors retrouver la variation de module de cisaillement de l'^{4}He μ_{He}/μ_{tige}, nécessaire pour expliquer un tel résultat.

36 CHAPITRE 1. BASES THÉORIQUES ET HISTORIQUES

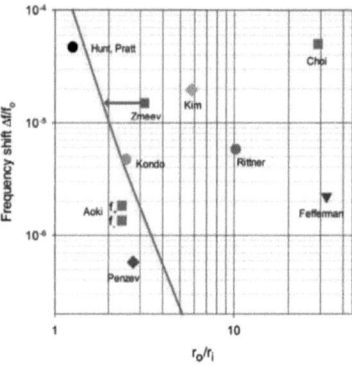

FIGURE 1.24 – Changement de fréquence des TO induit par la variation du module de cisaillement de l'^{4}He. La ligne rouge représente l'effet maximum dans le cas où le module de cisaillement est réduit de 100 %. Les différentes expériences sont celles de Hunt, Pratt [59, 60], Aoki [61], Penzev [63], Kondo [62], Zmeev (corrigée) [65], Kim [42, 43], Rittner [58], Choi [85, 86] et Fefferman [66].

Sur la Figure 1.24 qui résume ces travaux, la ligne rouge représente l'effet maximum dans le cas où le module de cisaillement est réduit de 100 %. Ainsi pour toutes les expériences situées sous cette barre la variation de la fréquence observée peut être attribuée uniquement à la réduction du module de cisaillement de l'hélium dans la tige et non à un changement d'inertie. Dans tous les cas l'effet dû à l'hélium est à soustraire de l'effet mesuré dans toutes les expériences, on doit au moins en tenir compte dans l'analyse.

Cette étude publiée par Beamish et al. en 2012 [84] va plus loin puisqu'elle

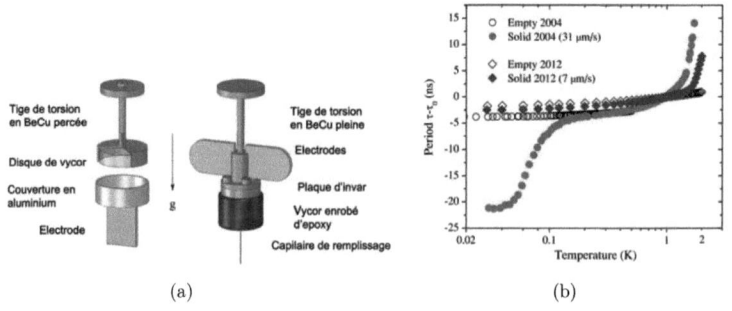

FIGURE 1.25 – Comparaison des géométries de cellules (a) et des périodes (b) entre le premier TO utilisé en 2004 [42, 43] et le dernier utilisé en 2012 [87].

explique aussi d'autres comportements du TO par des effets élastiques dans les cas des expériences proches de la ligne rouge. Ainsi la vitesse critique mesurée dans les TO est comparable à la déformation critique des mesures élastiques qui serait induite par les mouvement du TO. De même, la dissipation observée dans les mesures élastiques explique la dissipation des TO. Si cet effet reste trop faible pour expliquer encore certaines expériences de TO, il faut se souvenir qu'il existe de nombreux artefacts possibles comme expliqué plus haut.

Récemment, Chan et son groupe ont construit une cellule pleine de Vycor spécifiquement conçue pour annuler l'ensemble des artefacts connus [87]. Ainsi, la cellule est très rigide, avec une tige de torsion pleine et fixée sur une paroi épaisse de la cellule (voir Figure 1.25(a)). On voit sur la Figure 1.25(b), contrairement à ce qui a été observé 8 ans plus tôt, qu'aucun changement de la fréquence n'a pu être mesuré dans cette expérience. Cela prouve que les résultats précédents étaient bien à attribuer au module élastique de l'^{4}He et pas à de la supersolidité.

Toutefois notons que l'anomalie élastique de l'^{4}He solide n'explique pas toutes les expériences récentes qui ont montré des propriétés intéressantes de l'hélium à ces températures. En particulier, nous pouvons citer les mesures d'écoulement de masse de Ray et Hallock [88–90] qui appliquent une différence de potentiel chimique aux deux extrémités d'un cristal d'hélium-4. Ils observent ainsi un écoulement en dessous de 0,6 K qui présente un minimum encore inexpliqué autour de 80 mK. De même, le pic de chaleur spécifique observé par Lin et al. [91] dans de l'^{4}He solide à la même température ($\sim$80 mK), bien qu'il ait été attribué dans un premier temps à la transition de phase supersolide, reste tout aussi incompris aujourd'hui.

1.4 Conclusion

Ainsi, le changement de période dans un TO rempli d'^{4}He solide observé en 2004, ne semble pas dû à un changement d'inertie mais à un changement de la constante de raideur de l'oscillateur provenant d'une variation du module de cisaillement de l'hélium solide. La possibilité d'une observation d'un état supersolide dans l'^{4}He est de moins en moins admise aujourd'hui. On pourrait penser que la physique de l'hélium solide s'arrête là et qu'il n'y a plus rien d'intéressant à rechercher. Au contraire, les mesures élastiques effectuées suite à la découverte de 2004 sont tout aussi intéressantes et elles ouvrent sur un nouveau champ d'étude encore peu exploré : l'étude des dislocations dans un cristal quantique. De plus une telle thématique nous permet ne nous rapprocher du milieu des métallurgistes en leur proposant un système d'étude modèle dans lequel les effets des dislocations sont particulièrement bien mis en évidence. De notre point de vue, les théories et les travaux sur la science des matériaux effectués durant tout le 20ème siècle sont autant d'interprétations possibles pour nos résultats.

Très tôt après les découvertes du groupe de Day et Beamish sur la réduction du module de cisaillement de l'^{4}He solide, Rojas et Balibar se sont aussi mis à étudier ce phénomène. La particularité nouvelle de ces mesures était la possibilité de faire croître des monocristaux dont l'orientation est parfaitement connue puisque visible lors de la croissance. Lorsque je suis arrivé dans ce groupe, si la réduction du module de cisaillement dans l'^{4}He était bien étudiée, il restait cependant à déterminer quelles constantes élastiques varient avec la température. Bien que c_{44} semble être le seul à varier dans le cas de l'^{4}He (c'est à dire impliquant un glissement préférentiel dans le plan de base), cela n'a été que supposé jusqu'alors. De plus, on sait aujourd'hui que les dislocations jouent un rôle majeur dans cette anomalie élastique mais peu de travaux ont réussi jusqu'à maintenant à les caractériser (longueur, densité, topologie du réseau...). Enfin, si le rôle des impuretés d'^{3}He est certain, leurs interactions exactes d'un point de vue microscopique est encore méconnue. Durant ma thèse j'ai essayé de comprendre ces différents points en étudiant et en décrivant le mouvement des dislocations sous contrainte. J'ai eu la chance de profiter d'une forte collaboration avec John Beamish qui fut un membre temporaire de notre laboratoire pendant près d'un an apportant avec lui sa méthode de mesure, son savoir faire et sa grande culture en science des matériaux.

Chapitre 2
Dispositif expérimental

Afin de mesurer les propriétés élastiques de l'hélium-4 solide, nous faisons croître des cristaux d'^{4}He dans une cellule refroidie à l'aide d'un cryostat à dilution muni d'accès optique. Dans ce chapitre, nous décrivons l'ensemble des dispositifs expérimentaux qui nous permettent de réaliser ces expériences. Dans un premier temps nous détaillons les techniques de cryogénie utilisées et les améliorations qui ont pu être apportées durant ma thèse, permettant d'atteindre finalement une température minimale de 15 mK. Une grande partie de ce chapitre est consacrée à une campagne de calibration des thermomètres menée à l'aide d'un *thermomètre à courbe de fusion*. Nous décrivons ensuite les cellules expérimentales proprement dites, de leur conception jusqu'au dispositif de mesure qui utilise des transducteurs piézoélectriques, mis en place en collaboration avec John Beamish. Enfin dans une dernière partie nous présentons nos méthodes de croissance des cristaux d'hélium et comment nous pouvons contrôler la qualité et la pureté, c'est à dire le niveau de désordre cristallin mais aussi la concentration en ^{3}He.

2.1 Cryogénie

2.1.1 Le cryostat à dilution

2.1.1.1 Description générale et fonctionnement

Afin de refroidir notre expérience, nous utilisons un cryostat à dilution muni d'un accès optique (détaillé dans la partie 2.1.2) permettant d'atteindre des températures d'environ 15 mK. En plus de l'unité de dilution, il comprend un réservoir d'hélium liquide (le *vase 4K*) de 28 l sous 1 bar, donc à 4,2 K, entouré d'une garde d'azote liquide de 22,5 l à 77 K. Deux vides d'isolement ($\sim 10^{-6}$ mbar) servent à l'isolation thermique : le *vide externe* entre l'extérieur du cryostat l'azote et le vase 4K et le *vide interne* qui sépare le vase 4K de l'unité de dilution. Le vase 4K alimente en hélium liquide une petite cuve annulaire de 290 ml, le *pot 1K*, qui est pompée aux environs de 1 mbar, soit 1,2 K. L'injection dans le pot 1K s'effectue via un capillaire dont l'entrée est contrôlée par une micro-vanne (voir partie 2.1.3).

L'ensemble du cryostat a été conçu et construit sur place au laboratoire au début des années 90, à l'exception de l'unité de dilution. Cette dernière provient de

Leitec à Leiden et est l'un des prototypes des dilutions commerciales développées par Giorgio Frossati à la fin des années 80. Le principe de fonctionnement de la dilution repose sur les propriétés du mélange ^{3}He-^{4}He liquide. Ce mélange isotopique à forte concentration d'^{3}He ($\sim$25%) se sépare en dessous de 550 mK en une phase riche en ^{3}He dite *concentrée*, et une phase pauvre en ^{3}He dite *diluée*. Cette séparation est expliquée par la différence de statistiques quantiques suivies par les atomes d'^{3}He qui sont de fermions et les atomes d'^{4}He qui sont des bosons. Comme indiqué par le diagramme biphasique, la concentration en ^{3}He de la phase diluée diminue avec la température jusqu'à la proportion limite de 6,6% à $T = 0$. Ainsi en pompant l'^{3}He présent dans la phase diluée, on force la demixtion de l'^{3}He de la phase concentrée à la phase diluée. La chaleur latente liée à cette demixtion étant positive, ce processus pompe de la chaleur au système. La séparation de phase se produit dans la chambre de mélange qui constitue le point le plus froid du cryostat et dans laquelle à cause de la gravité la phase diluée en ^{3}He se trouve sous la phase concentrée. L'^{3}He de la phase diluée est pompé dans l'*évaporateur* grâce à une (puis deux) pompe(s) "roots" en série avec une pompe primaire. Le gaz ainsi pompé est riche en ^{3}He. Il est ensuite refroidi aux différents étages de température, puis réinjecté dans la phase concentrée ce qui boucle le circuit.

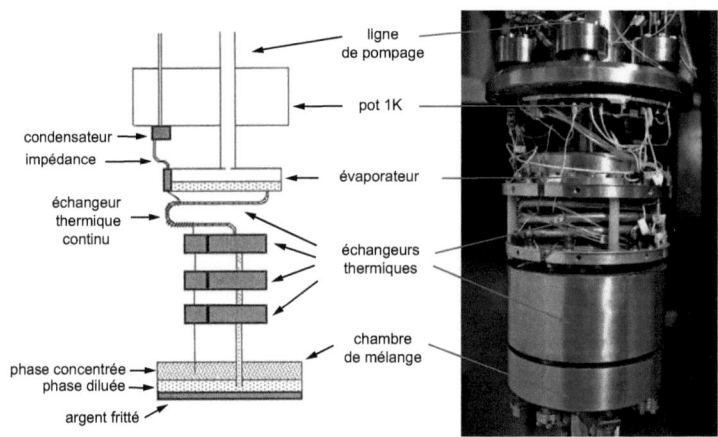

FIGURE 2.1 – Schéma et photo de notre unité de dilution.

Lors de la mise à froid, après avoir pompé le vide externe mais mis 10 mbar d'^{4}He comme gaz d'échange dans le vide interne, le cryostat est refroidi à l'azote liquide puis à l'hélium liquide. Ce premier transfert d'hélium nécessite près de 75 l d'hélium liquide. On pompe le gaz d'échange puis on démarre alors le pompage sur le pot 1K et on commence à condenser le mélange ^{3}He-^{4}He en le faisant circuler doucement. Lorsque tout le mélange est condensé on peut augmenter la circulation et commencer à chauffer l'évaporateur pour accélérer la circulation donc la puissance.

2.1.1.2 Puissance frigorifique

La puissance frigorifique $\dot{Q}$, de l'unité de dilution est donnée en fonction de la température T, et du débit molaire $\dot{n}$ d'^{3}He, par la formule suivante en négligeant les pertes thermiques :

$$\dot{Q} = 84\dot{n}T^2 \qquad (2.1)$$

On peut donc accroître cette puissance en augmentant le débit d'^{3}He. Une résistance de chauffage située dans l'évaporateur permet d'augmenter le débit massique d'hélium en augmentant la température. Toutefois au-delà d'environ 0,9 K, la pression de vapeur saturante de l'^{4}He devient trop importante et celui-ci se met à circuler à la place de l'^{3}He. Dans notre cryostat, le débit molaire varie entre 100 et 300 μmol/s en fonction du courant de chauffage utilisé. La puissance frigorifique est donc comprise entre 84 et 252 μW à 100 mK. Elle vaut moins de 10 μW à 20 mK compte tenu des pertes thermiques.

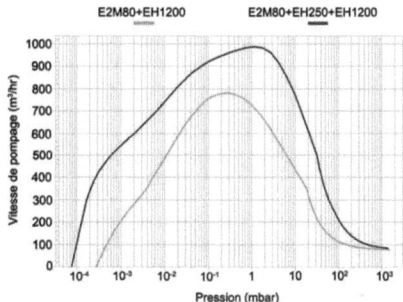

FIGURE 2.2 – Débit volumique des pompes en fonction de la pression pour deux configurations : une pompe roots (EH1200) en série avec une primaire (E2M80) ou 2 pompes roots (EH1200+EH250) en série avec une primaire. [Simulations fournies par Nicolas Bouvet, Edwards]

Durant ma thèse, nous avons modifié le système de pompage de l'évaporateur d'une configuration comprenant une pompe roots en série avec une pompe primaire, à une configuration à deux pompes roots en série avec une pompe primaire. Nous avions alors suivi les conseils et les simulations de Nicolas Bouvet, ingénieur chez Edwards. Comme le montre la Figure 2.2, la seconde configuration permet des débits supérieurs pour une même pression de pompage. Dans notre cas pour des pressions de l'ordre de 10^{-2} mbar, on passerait d'un débit de 500 à 750 m^3/heure. L'effet observé sur la température minimale du cryostat ne fut pas très important toutefois il est apparu que nous pouvions obtenir les mêmes températures qu'avant mais avec des courants de chauffage inférieurs ce qui est logique. Notons que cet ajout d'une seconde pompe a fragilisé un peu notre système face aux accidents. En effet, en cas d'augmentation soudaine de pression, la pression sur l'entrée de la primaire, en sortie des deux pompes roots, peut augmenter assez vite. Mais le problème principal est que si la pression de refoulement de cette pompe primaire dépasse 1 bar, elle surchauffe et peut se gripper.

2.1.1.3 Thermométrie et régulation de la température

Les mesures de température sont effectuées grâce à différents thermomètres en fonction de la plage de température à mesurer. Entre 300 K et 4 K lors du remplissage du vase 4K, nous utilisons une sonde platine collée au fond du vase dont la résistance électrique diminue de 1000 Ω à 15 Ω avec la température. Pour les plus basses températures, nous utilisons des résistances en semi-conducteur dont la résistance augmente lorsque la température diminue. En dessous de 4 K, nous utilisons principalement deux thermomètres qui sont directement fixés sur la cellule expérimentale :
- un thermomètre à base d'oxyde de ruthénium "RX-102-CB" (noté Ru), vendu et calibré par LakeShore qui couvre la gamme 20 mK - 40 K ;
- un thermomètre "Speer Carbon Resistor" (noté S1), étalonné dans notre cryostat en 2000 qui couvre la gamme 10 mK - 0,6 K.

Les résistances de ces thermomètres sont mesurées en *4 fils* par un pont de mesure TRMC-2. Il a été spécialement conçu par le CRTBT de l'Institut Néel à Grenoble pour la mesure des résistances à basse température. Cet appareil utilise des courants alternatifs (25 Hz) de très faible amplitude de l'ordre du nanoAmpère dans la première paire de fils et mesure la tension produite sur la seconde paire, éliminant ainsi la résistance parasite due aux fils de mesure. Il assure aussi la régulation de la température de la cellule expérimentale en commandant un courant de chauffage en rétroaction autour d'une valeur consigne de température. Ce courant de chauffage alimente le *heater*, une bobine résistive de fils de constantan, enrobée de Stycast 2850-FT et fixée à la cellule. Sa résistance à froid est de 65 Ω. Cet ensemble constitue un bon système de régulation d'une précision au dixième de millikelvin dans la gamme de la dizaine de millikelvins.

La conversion entre la résistance électrique mesurée et le température est donnée par une loi de calibration propre à chaque thermomètre. Cette loi peut être soit fournie par le constructeur, soit mesurée par comparaison à un *thermomètre primaire*. Lorsque nous avons installé le thermomètre Ru calibré par LakeShore, les températures indiquées par celui-ci ne descendaient pas en dessous de 35 mK alors que S1 calibré dans notre laboratoire, mesurait environ 20 mK. De plus nous avons observé un écart de mesure entre les deux thermomètres dès 100 mK. Cette gamme de température étant très importante pour notre expérience, il a fallu s'assurer de la bonne calibration de nos thermomètres qui fonctionnent en présence de rayonnement (lumière et RF). Nous avons alors décidé de les calibrer tous les deux en les comparant à un *thermomètre à courbe de fusion* comme cela est détaillé plus loin.

2.1.2 L'accès optique

La particularité principale de notre cryostat est son accès optique à travers de grandes fenêtres. Ainsi le vase d'hélium s'arrête à la hauteur de l'unité de dilution laissant la cellule dans le vide interne. Les boucliers thermiques fixés aux différents

2.1. CRYOGÉNIE

étages de température du cryostat sont percés et munis de fenêtres (voir Figure 2.3). Le diamètre de ces fenêtres est de 52 mm sur l'écran à 300 K, 44 mm à 77 K, 37 mm à 4 K, 30 mm à 0,7 mK et enfin 27 mm sur le dernier écran à 50 mK. Cela nous permet donc d'observer directement la cellule expérimentale et son contenu sans traverser d'hélium liquide, ce qui introduirait d'importantes perturbations. Les vitres de ces fenêtres sont des filtres infrarouges déposés sur du verre BK7 de 5 mm d'épaisseur et l'étanchéité est assurée par des joints d'indium en dessous de 4 K et un joint en caoutchouc à 300 K.

FIGURE 2.3 – Photo des différents boucliers thermiques qui s'imbriquent les uns dans les autres. Chacun possède deux paires de fenêtres avec des filtres.

Si les fenêtres du bouclier thermique à 4 K sont remplacées par des disques de cuivre, la température atteint une valeur minimale de 10,5 mK. Dans le cas contraire, la température minimale n'est plus que de 15 mK. Cette différence provient donc des pertes thermiques induites par l'accès optique. Elles ont été minimisées grâce à de nombreux développements effectués avant et pendant ma thèse. Lorsque je suis arrivé, la température minimale atteinte fenêtres ouvertes n'était que de 25 mK. Or, tant pour la croissance des cristaux comme nous allons le voir dans la partie 2.4, que pour l'étude des phénomènes physiques, nous devions comprendre l'origine des pertes thermiques afin d'améliorer la température minimale et de la mesurer correctement. Pour optimiser les performances du cryostat nous avons considéré :
- le chauffage par rayonnement thermique traversant les fenêtres ;
- la thermalisation et la protection des thermomètres et de leurs connexions recevant de la lumière ;
- l'intrusion de radio-fréquences traversant les fenêtres (non-métalliques).

2.1.2.1 Réduction du rayonnement thermique

Afin de limiter le flux de rayonnement thermique passant à travers les fenêtres d'observation, nous utilisions des filtres KG1 (Schott) sur les écrans à 4 K à 77 K et à 1 K. L'utilisation de ces filtres est primordial. Commençons par calculer quelle serait la puissance du rayonnement thermique émise par le corps noir à 300 K que constitue l'enveloppe du cryostat sur la cellule en l'absence de filtres et, grosso modo, le rayonnement thermique émis par l'extérieur. Vue par la cellule, la source de rayonnement à 300 K est une fenêtre de 52 mm de diamètre située à une distance $L = 110$ mm. Néanmoins, ce flux ne frappe la cellule que sur un disque de diamètre apparent de 25 mm limité par l'écran thermique à 50 mK. La puissance radiative émise par un corps noir de température T est donnée par la formule de Stefan-Boltzmann :

$$P_\text{e} = \sigma T^4 \quad (2.2)$$

où $\sigma = 5{,}67$ Wm^{-2}K^{-4} est la constante de Stefan-Boltzmann. Ainsi la puissance reçue par la cellule en l'absence de filtre vaut :

$$P_\text{r} = \frac{P_\text{e} A_\text{source} A_\text{cellule}}{4\pi L^2} = 3{,}1 \ mW \quad (2.3)$$

La puissance totale reçue en prenant en compte les deux séries de fenêtres à l'avant et à l'arrière est donc de 6,2 mW. Compte tenu de la puissance frigorifique du cryostat (environ 250 μW à 100 mK), une telle source de chaleur ne nous permettrait pas de descendre à basse température. C'est pour cette raison que nous utilisons des filtres réduisant le rayonnent infrarouge principalement émis par un corps noir à 300 K. Calculons donc maintenant quelle serait la puissance reçue en présence des filtres. L'émittance $E(\lambda, T)$ est donnée en fonction de la longueur d'onde λ et de la température par la loi de Planck :

$$E(\lambda, T) = \frac{2\pi h c^2}{\lambda^5} \frac{1}{e^{\frac{hc}{\lambda k_B T}} - 1} \quad (2.4)$$

avec h la constante de Planck, c la vitesse de la lumière et k_B la constante de Boltzmann. La puissance transmise à travers un filtre de transmission $t(\lambda)$ est alors :

$$P_{tr} = \int_0^\infty E(\lambda, T) t(\lambda) d\lambda \quad (2.5)$$

Le rayonnement de longueur d'onde en dessous de 1 μm est négligeable dans l'émission du corps noir, on ne considèrera donc que les longueurs d'onde supérieures. Sur le graphique Figure 2.4 représentant la transmission en fonction de la longueur d'onde pour différents filtres de la gamme KG de chez Schott, on peut voir que la transmission pour des filtres KG1 est :
- inférieure à 10% entre 1 et 2,8 μm;
- inférieure à 1% entre 2,8 et 4 μm;
- inférieure à 0,1% entre 4 et 4,8 μm.

Ainsi en modélisant la transmission comme une fonction porte entre ces différents intervalles, on peut obtenir une borne supérieure de la puissance transmise. En effectuant un changement de variable $x = \frac{hc}{\lambda k_B T}$, on obtient par exemple pour le premier intervalle entre 1 et 2,8 μm :

$$P_{tr} = \frac{2\pi (k_B T)^4}{h^3 c^2} \int_{17.15}^{48.01} \frac{x^3}{e^x - 1} dx \times (0{.}10)^3 \quad (2.6)$$

L'élévation au cube du facteur de transmission correspond aux effets des trois filtres en série sur chaque écran thermique. En sommant les puissances obtenues sur chaque

2.1. CRYOGÉNIE

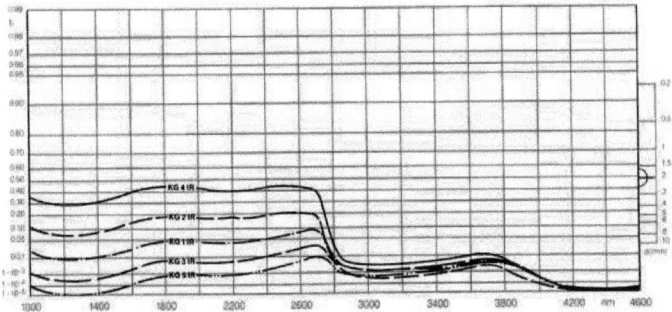

FIGURE 2.4 – Transmission des différents filtres de type KG de chez Schott dans la gamme 1000-4600 nm. [Données fournies par Schott]

intervalle, on obtient une puissance totale reçue par la cellule de 3,6 nW soit six ordres de grandeur inférieure à la puissance reçue en l'absence de filtres (6,2 mW). La puissance reçue réelle est peut être même inférieure puisque les coefficients de transmission extraits du graphique sont mesurés pour une épaisseur de 2 mm alors que nos filtres ont une épaisseur de 5 mm ainsi les 10 % de transmission se réduisent à $(10)^{5/2} = 3\%$ etc...

Dans ces conditions, le rayonnement thermique traversant l'accès optique est négligeable jusqu'à 10 mK. Cependant, imaginons que ce flux de chaleur vienne réchauffer localement les fils de mesure des thermomètres ou les thermomètres eux-mêmes, la température indiquée serait plus élevée, fenêtres ouvertes, alors que celle de la cellule resterait sensiblement la même. Nous avons donc considéré ce problème.

2.1.2.2 Protection des thermomètres

Nous avons réalisé que les thermomètres sont en grande partie thermalisés par leurs connexions électriques. Les fils utilisés pour la mesure des températures sont des câbles supraconducteurs. Leur conductivité thermique étant très faible dans cet état, cela permet de limiter le flux de chaleur provenant de la partie non froide du fil. De plus, ces fils sont thermalisés aux différents paliers de température à 4 K, 1 K et 50 mK et ils le sont de nouveau autour du thermomètre lui-même toujours avec l'objectif de diminuer l'apport de chaleur. Cependant cela ne semblait pas suffisant à cause du chauffage de ces fils très fins et donc de faible capacité calorifique par le flux de chaleur traversant les fenêtres.

Nous avons donc rajouté un ancrage thermique pour chacun des thermomètres directement sur la cellule et le plus près possible des thermomètres. Ces ancrages sont constitués d'un manchon de cuivre (environ 8 mm de diamètre pour 1 cm de hauteur) autour duquel nous enroulons environ 12 tours d'une paire de fils de cuivre (diamètre 0,2 mm) en spires jointives. Ce bobinage est d'abord collé au vernis GE (Varnish 7031) afin de le maintenir mécaniquement mais aussi pour augmenter la surface de contact avec le manchon puis le tout est enrobé de stycast 2850-FT pour le protéger. La base du manchon, dont l'état de surface est particulièrement soigné est dorée par électrolyse de cyanure d'or pour éviter l'oxydation du cuivre et améliorer le contact électrique donc thermique. Le manchon est enfin fermement vissé à la cellule avec une vis en laiton dont la contraction thermique plus importante que celle du cuivre permettra un contact encore meilleur.

Ces améliorations ont été très bénéfiques elles ont permis de faire chuter la température lue sur S1 de 35 mK à 20,6 mK et la saturation de Ru passa de 50 mK à 35 mK. Cette différence montre à quel point la thermalisation des fils de mesure est importante à des températures aussi basses. Aussi, c'est à ce moment là que nous avons changé les filtres KG1 par des filtres KG5 sur les écrans à 4 K et à 77 K et par des filtres BG39 sur l'écran à 1 K. Ces deux nouveaux types de filtres ont des transmissions encore plus faibles que les KG1 dans les infrarouges. Nous avons alors observé un abaissement de le température minimale d'environ 2 mK sur les deux thermomètres. Bien que minime, cette différence montre que l'effet du rayonnement thermique n'était peut être pas si négligeable que ce que nous avions calculé dans la partie précédente, au moins sur les thermomètre (pas sur la cellule elle-même).

2.1.2.3 Protection contre les radio-fréquences

Les radio-fréquences (RF) peuvent aussi introduire des courants dans les fils de mesure donc un réchauffement des thermomètres. Le blindage et le filtrage de ces câbles et des connexions est donc très important surtout lorsque les courants de mesure deviennent très faibles ($\sim$1 nA). À l'extérieur du cryostat, nous utilisons des câbles coaxiaux blindés et un soin particulier est apporté pour relier l'ensemble des appareils et le cryostat à la même masse. À l'intérieur du cryostat, les câbles ne sont plus parfaitement blindés mais l'enveloppe du cryostat agit comme une cage de Faraday. Toutefois dans notre cryostat optique, la partie inférieure possède des fenêtres non métalliques qui laissent pénétrer le rayonnement électromagnétique et en particulier les RF. Les parties non blindées des fils agissent alors comme des antennes et captent ces RF. Le courant induit perturbe la mesure et peut même chauffer le thermomètre.

Pour remédier à ce problème, nous avons installé sur chaque ligne de mesure et juste avant le thermomètre des filtres passe-bas appelés *filtres* π pour couper l'induction RF. Ces filtres sont composés d'une bobine en série entourée de deux condensateurs en parallèle reliés à la masse. Le signal de fréquence ν est filtré lorsque l'impédance de la capacité électrique Z_C devient négligeable devant l'impédance du thermomètre Z_{th} qui est de l'ordre de 10 kΩ à basse température :

$$Z_C \ll Z_{th}$$
$$\frac{1}{2\pi C\nu} \ll 10^4$$

Nous avons essayé plusieurs types de filtres π et nous les avons testés à basse température. Par exemple, les filtres Tusonix affichent de larges capacités de 5500 pF à 300 K mais celles-ci diminuent d'un facteur 80 jusqu'à 70 pF à 4 K. Les fréquences filtrées sont donc très supérieures à 250 kHz, ce qui n'est pas suffisant. Finalement

2.1. CRYOGÉNIE

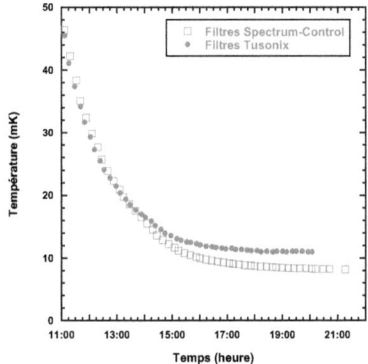

FIGURE 2.5 – Températures mesurées par S1 lors de deux refroidissements avec des filtres de marques différentes.

nous avons opté pour les filtres Spectrum Control-1293-001 conseillés par le groupe de Moses Chan à Penn State University dont les capacités sont de 84 nF à 300 K et 6 nF à 4 K. Les fréquences filtrées sont alors très supérieures 2,5 kHz, ce qui est plus acceptable. La Figure 2.5 montre la différence de mesure de température obtenue avec ces deux types de filtre.

Pour que l'efficacité de ces filtres soit maximale, nous avons décidé de mettre les thermomètres et leur ultime ancrage thermique dans une boîte de cuivre aussi étanche que possible, reliée à la masse et agissant donc comme une cage de Faraday. Les filtres sont alors placés comme des passages entre l'extérieur et l'intérieur de la boîte. L'ajout de cette boîte hermétique aux RF et des filtres π a constitué un pas important dans l'amélioration de la température minimale et de sa mesure. Nous avons ainsi pu encore gagner quelques millikelvins, qui nous ont permis d'atteindre finalement des températures autour de 15 mK avec les fenêtres ouvertes. De plus l'ajout des filtres a permis d'améliorer la température minimale même dans la configuration fenêtres fermées. Cela indique que des RF arrivent à pénétrer autrement que par les fenêtres, le cryostat n'est donc pas totalement hermétique de ce point de vue.

2.1.3 Régulation et amélioration du pot 1 K

Le pot 1K est une pièce importante du cryostat à dilution, dont un fonctionnement sur le long terme est indispensable. Il permet comme on peut le voir sur la Figure 2.1, de condenser le mélange ^{3}He-^{4}He avant son entrée dans l'unité de dilution. Dans notre cas, c'est un réservoir annulaire de 290 ml entourant la ligne de pompage qui se remplit d'hélium liquide provenant du vase 4K et sur lequel on pompe pour diminuer la température. L'injection se fait via un capillaire situé au fond du vase 4K et dont l'entrée est un filtre en fritté de bronze. L'ouverture de ce capillaire est contrôlée par une *micro-vanne* (ou *vanne pointeau*) composée d'un pointeau conique en cuivre qui vient s'écraser dans un cône en acier. Le débit d'hélium liquide remplissant le pot 1K peut être un peu régulé par l'espace entre ces deux cônes imbriqués, mais principalement par l'impédance du capillaire qui suit. La micro-vanne est contrôlée depuis l'extérieur du cryostat par une tige traversant le vase 4K.

Celle-ci est malheureusement sensible aux contractions thermiques et au jeu mécanique, donc il est difficile d'obtenir un régime de remplissage stationnaire. Les fluctuations thermiques de la tige sont causées par le niveau d'hélium liquide dans le vase 4K. Au final, notre vanne ne pouvait prendre que deux positions : ouverte ou fermée. Or, il n'est pas possible de laisser la vanne ouverte continuellement, surtout si un écoulement diphasique crée des vibrations mécaniques pendant le remplissage du pot 1K. Nous avons pu mesurer les effets de ces vibrations grâce aux transducteurs piézoélectriques placés dans la cellule expérimentale. La Figure 2.6(a) montre le signal induit par les vibrations de l'une des céramiques en fonction de la fréquence dans les deux cas. Quand la micro-vanne était ouverte, on remarquait bien la présence de signaux parasites lors du remplissage qui disparaissaient dès qu'on la refermait.

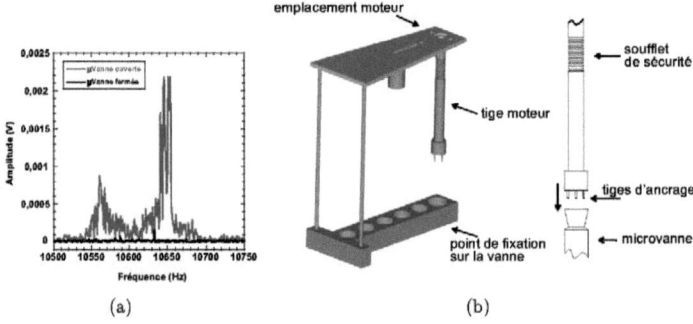

FIGURE 2.6 – (a) Signal mesuré par un transducteur piézoélectrique fixé sur la cellule expérimentale en fonction de la fréquence pour les deux positions de la micro-vanne. (b) Schéma de la fixation du moteur et détail de la tige reliant l'axe du moteur à celui de la micro-vanne.

Afin de ne pas devoir être présent en permanence pour ouvrir ou fermer le remplissage du pot 1K, nous avons mis en place une régulation automatique et motorisée contrôlée par ordinateur. Il a d'abord fallu concevoir un système de fixation pour le moteur en prenant en compte le manque d'espace sur le dessus du cryostat (voir Figure 2.6(b)). Puis nous avons percé de petits trous sur le dessus de la vanne pour y ancrer la tige reliée à l'axe du moteur. Ce dernier est un moteur continu de chez Crouzet de 1 V et 5 tr/min avec un couple suffisamment important pour pouvoir faire tourner la vanne. Un soufflet qui sert de sécurité a été placé sur la tige pour casser en cas de couple trop important et ainsi empêcher le moteur d'endommager la micro-vanne. Nous remercions Jacques Dupont-Roc et Philippe Jacquier chercheurs au Laboratoire Kastler Brossel pour nous avoir montré un modèle de régulation similaire installé sur leur cryostat, et l'atelier de mécanique du LPS pour la réalisation et l'idée du soufflet de sécurité.

Le niveau d'hélium dans le pot 1K est déterminé grâce à la valeur d'un condensateur cylindrique placé dans le pot. La différence de constante diélectrique entre l'hélium liquide et gazeux permet de mesurer facilement le niveau. Nous mesurons la capacité avec un pont Andeen-Hagerling 2700A qui fonctionne à très faible courant pour éviter l'induction électro-magnétique. Un programme Labview enregistre cette valeur et contrôle le moteur via une carte d'acquisition National Instruments et un amplificateur fabriqué par Christophe Herman, l'électronicien du laboratoire. Le pot 1K est ainsi asservi entre une position haute et une position basse. Ce système a tout de suite très bien fonctionné et nous a offert en plus du confort de la régulation automatique, la possibilité d'agir à distance sur l'admission du pot 1K.

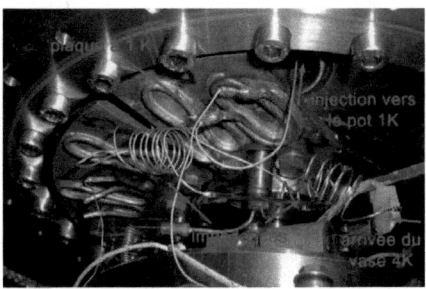

FIGURE 2.7 – Photographie du capillaire d'injection du pot 1K. Arrivant du vase 4K, il est composé d'une impédance et d'une thermalisation à 1 K avant de rentrer dans le pot 1K.

Au même moment, des discussions avec Alain Benoit, chercheur à l'Institut Néel à Grenoble, nous ont permis de comprendre l'origine de ces vibrations lors du remplissage. Si de l'hélium liquide à 4 K est injecté sans thermalisation dans le pot 1K, cela crée alors un mélange diphasique de liquide et de bulles dans le capillaire de remplissage, comme cela a été observé par Raccanelli et al. [92]. Ce flux est la cause des vibrations lors du remplissage. La solution préconisée par ce même groupe est de thermaliser le capillaire de remplissage du pot 1K sur le pot 1K lui-même pour ainsi refroidir l'hélium de 4 K à 1 K et le rendre monophasique superfluide avant l'injection. Nous avons donc remplacé le capillaire de remplissage par deux capillaires en CuNi de longueur 20 cm et de diamètre plus petit 0,5×0,2 mm (au lieu de 0,75×0,3 mm) situés avant et après une thermalisation sur l'une des plaques thermalisées à 1 K situées sous le pot 1K (voir Figure 2.7). Cette amélioration a permis de diminuer très nettement la vibration mesurée lors du remplissage, néanmoins un bruit mécanique très faible restait toujours visible lors de nos expériences les plus précises comme celle de l'oscillateur de torsion en saphir [66].

2.2 Calibration des thermomètres

2.2.1 Une échelle de température internationale

Les propriétés physiques que nous étudions sont très souvent en fonction de la température et la précision de nos valeurs de température doit être rigoureusement vérifiée, d'où la nécessité d'utiliser une échelle de température internationale bien établie pour nos étalonnages.

On distingue deux types de thermomètres, les *primaires* et les *secondaires*. Pour les thermomètres secondaires, certaines quantités physiques dépendantes de la température sont facilement mesurables (la résistance électrique par exemple). Ils sont calibrés au préalable grâce aux thermomètres primaires. Ces derniers ont une caractéristique mesurable se basant directement sur une propriété physique parfaitement connue et reproductible. Il existe différents types de thermomètres primaires et donc différentes échelles de température qui leur sont associées dont voici quelques exemples :
- Le thermomètre à orientation nucléaire mesure la décroissance radioactive d'un bloc de ^{60}Co.
- Le thermométrie à bruit Johnson mesure, grâce à un SQUID, le courant passant dans un fil
- Le thermomètre à courbe de fusion mesure la variation de la la pression d'équilibre liquide-solide de l'^{3}He.

Différentes échelles de température ont été associées à chacun de ces étalons primaires. L'UF-95 (University of Florida) été basée sur l'orientation nucléaire, la PTB-96 sur la pression de fusion de l'^{3}He, la NIST-98 sur le bruit Johnson... Récemment, c'est l'échelle PLTS-2000 (Provisionnal Low Temperature Scale), adoptée en 2000 qui définit l'échelle internationale de température entre 0,9 mK et 1 K en s'appuyant sur la courbe de fusion de l'^{3}He [93]. De nombreux arguments expliquent ce choix comme sa forte dépendance pression/température, la grande precision des mesures de pression, la large gamme de température parcourue ou la faible influence du champ magnétique.

Cette courbe définit l'équilibre liquide-solide de l'^{3}He. Elle a été décrite de nombreuses fois et la relation pression/température qui permet de la définir s'écrit :

$$P(MPa) = \sum_{i=-3}^{+9} a_i.T(K)^i \qquad (2.7)$$

où les coefficients a_i fixés par la PLTS-2000 sont donnés sur la Figure 2.8. Cette équation est le résultat de nombreuses études et calculs de thermodynamique réalisés essentiellement par Dennis Greywall [94-96] et par le PTB à Berlin [97]. Son incertitude en température est de 0,1% à 500 mK, 0,2% à 100 mK, 0,3% à 25 mK et 2% à 0,9 mK. L'incertitude en pression est d'environ 60 Pa.

La courbe comprend quatre points particuliers parfaitement connus et utilisés comme points fixes de pression et de température pour la calibration *in situ* de la jauge de pression : le minimum de pression, la transition à la phase superfluide A, la transition entre les phases superfluides A et B et la transition antiferromagnétique

2.2. CALIBRATION DES THERMOMÈTRES

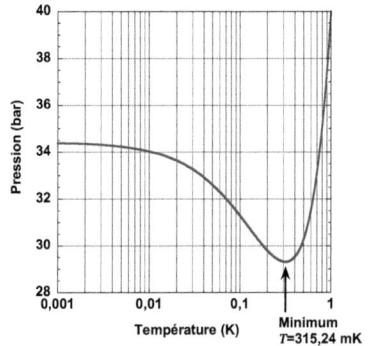

$a_{-3} = -1{,}385\ 544\ 2\ .10^{-12}$
$a_{-2} = 4{,}555\ 702\ 6\ .10^{-9}$
$a_{-1} = -6{,}443\ 086\ 9\ .10^{-6}$
$a_0 = 3{,}446\ 743\ 4\ .10^{0}$
$a_1 = -4{,}417\ 643\ 8\ .10^{0}$
$a_2 = 1{,}541\ 743\ 7\ .10^{1}$
$a_3 = -3{,}578\ 985\ 3\ .10^{1}$
$a_4 = 7{,}149\ 912\ 5\ .10^{1}$
$a_5 = -1{,}041\ 437\ 9\ .10^{2}$
$a_6 = 1{,}051\ 853\ 8\ .10^{2}$
$a_7 = -6{,}944\ 376\ 7\ .10^{1}$
$a_8 = 2{,}683\ 308\ 7\ .10^{1}$
$a_9 = -4{,}587\ 570\ 9\ .10^{0}$

FIGURE 2.8 – À gauche, la courbe de fusion de l'^{3}He selon l'équation de la PLTS-2000 dont les coefficients sont donnés à droite

du solide. Avec notre cryostat, nous ne pouvons observer que le premier de ces quatre point fixes. Les pressions et les températures de ces quatre points sont données dans le Tableau 2.2.1.

Point fixes	P(bar)	T(mK)
Minimum	29,3113	315,24
Transition superfluide A	34,3407	2,444
Transition superfluide B	34,3609	1,896
Transition de Néel	34,3934	0,902

TABLE 2.1 – Les points fixes définis par la PLTS-2000 [93]

Ainsi, un thermomètre à courbe de fusion (ou MCT pour Melting Curve Thermometer) doit contenir un volume d'^{3}He en équilibre entre la phase liquide et solide dont on doit mesurer la pression. Pour cela on bloque le capillaire de ce petit réservoir en formant un bouchon solide au niveau de l'évaporateur à 700 mK et à 36 bars. On pourra alors se déplacer sur la courbe de fusion en faisant varier la température de la cellule et en mesurant la pression avec une jauge capacitive.

2.2.2 Description et assemblage du MCT

Le thermomètre à courbe de fusion que nous avons construit est une jauge de Straty-Adams [98]. La pression est donc mesurée par la capacité entre deux électrodes. L'une des électrodes est mobile située sur un diaphragme se déformant sous la pression de la cavité, l'autre est fixe, collée à la partie supérieure de la cellule.

Le plan de la cellule est semblable à celui de Greywall [94] auquel nous avons apporté une petite modification au niveau du fil de mesure de l'électrode inférieure suggérée par le travail de Valérie Goudon [99]. Il passe désormais dans un capillaire

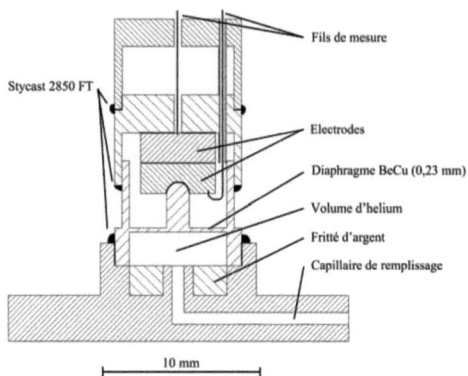

FIGURE 2.9 – Schema du thermomètre à courbe de fusion

relié à la masse et ne voit donc plus directement l'électrode supérieure, éliminant ainsi une possible capacité parasite. L'ensemble de la cellule est en cuivre à l'exception de la partie centrale comprenant le diaphragme et les électrodes qui sont en bronze BeCu. En effet ce matériau est connu pour ses excellentes propriétés mécaniques. La pièce a été ensuite recuite à 500 °C sous vide pendant 2h afin d'augmenter encore sa rigidité. Les électrodes ont subi une série de polissages afin d'obtenir des surfaces parfaitement plates et lisses.

La première opération de l'assemblage consiste à coller au Stycast 2850-FT le diaphragme sur la base en évitant que l'epoxy n'entre en contact avec l'argent fritté. Elle forme avec la base une cavité de volume 0,135 cm^3 dont 0,06 cm^3 soit 44% est rempli de fritté d'argent. Le fritté d'argent a été réalisé en compressant une poudre d'argent de 700 Å (Vacuum Metalurgical Co Ltd, Tokyo) dans le fond de la cellule préalablement argenté jusqu'à obtenir 45% de la densité de l'argent solide puis en chauffant cet aggloméré à 200 °C pendant 1 heure sous argon. Cette recette

FIGURE 2.10 – Photos de la cellule à différentes étapes du montage jusqu'à la cellule complète. De gauche à droite : argenture sur le fond de la cellule puis on dépose du fritté d'argent avant de coller le diaphragme et les parties supérieures.

permettrait d'obtenir un fritté de surface volumique 3,7 m^2/cm^3 [100], ce qui dans notre cas nous donne une surface effective de 0,22 m^2. On calcule ainsi un temps de thermalisation de l'^{3}He liquide de 26 s à 100 mK, de 80 s à 60 mK et de 3 min à 20 mK (cf Annexe A.2).

Le collage des électrodes s'effectue en plusieurs étapes. On fixe tout d'abord l'électrode supérieure avec du Stycast sur la pièce supérieure. La couche d'époxy suffit à faire l'isolation électrique entre l'électrode et le reste de la cellule. Puis on colle, toujours avec de l'époxy, l'électrode du bas sur sa tige arrondie. Durant le séchage on appuiera sur la partie supérieure avec son électrode en appliquant une pression de 40 bars contre le diaphragme. Cette méthode décrite par Greywall [94] possède deux avantages. Le premier est un ajustement et un parallélisme parfait entre les deux électrodes puisque celle du haut vient se plaquer contre celle du bas qui peut toujours s'ajuster sur son axe arrondi pour s'orienter. Le second est l'espacement entre les électrodes, qui une fois la pression relâchée, est calibré pour être minimum, donc de meilleure précision, dans la gamme de pression 30 - 40 bars (cf Annexe A.3). La capacité mesurée une fois la pression relâchée est de 4,08 pF ce qui correspond à un espacement de $d = \varepsilon_0 S/C = 43$ μm dans notre cas..

2.2.3 Protocole d'utilisation

2.2.3.1 Étalonnage de la jauge

Avant de pouvoir utiliser la cellule comme un thermomètre, plusieurs étapes de calibration sont nécessaires lors du refroidissement. Après avoir commencé le pompage sur le pot 1K et avant de condenser le mélange, le cryostat est à une température d'environ 1,2 K où l'^{3}He reste liquide en dessous de 40 bars. On commence alors une série de remplissages et de vidages entre 27 bars et 37 bars pour écrouir la membrane de BeCu. Cela permet d'améliorer les propriétés mécaniques du diaphragme et d'éviter des comportements hystérétiques. Au premier ordre la relation entre la pression P et la capacité mesurée C est donnée par :

$$C \propto \frac{1}{d_0 - \alpha P} \qquad (2.8)$$

où d_0 est la distance entre les électrodes à pression nulle et α une constante dépendant des propriétés de la membrane (voir Annexe A.3). Mais, l'équation théorique précise reliant ces deux grandeurs est bien plus complexe. Le meilleur moyen de connaître la pression en fonction de la capacité est donc d'effectuer un étalonnage de la jauge. Cette étape est très importante car la calibration des thermomètres dépendra directement de cet étalonnage. De plus, il est nécessaire de l'effectuer à chaque refroidissement car les propriétés mécaniques de la membrane peuvent évoluer lors des cycles en température. Nous l'avons effectué à 1,6 K, température en dessous de laquelle les caractéristiques du diaphragme n'évoluent pratiquement plus. On augmente la pression entre 27 et 37 bars avec des pas de 0,5 bar comme le montre la Figure 2.11. À chaque palier, nous mesurons la valeur de la capacité pendant 3 minutes. La pression est mesurée avec une jauge Digiquartz de chez Paroscientific et la capacité à l'aide d'un pont de capacité Andeen Hagerling 2700A. Les paliers doivent

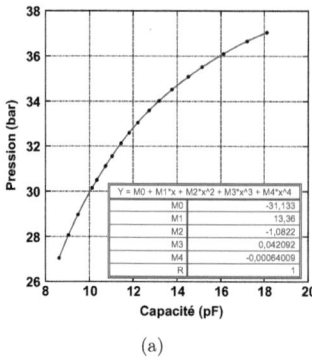 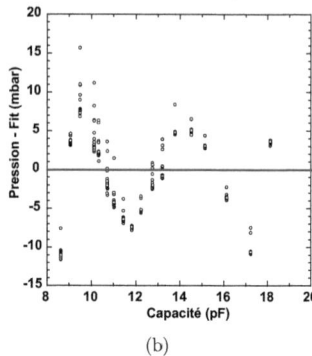

(a)   (b)

FIGURE 2.11 – (a) : Étalonnage de la jauge de pression entre 27 et 37 bars. (b) : Écart entre les mesures et l'interpolation. On obtient une erreur inférieure à 10 mbar.

être assez longs pour permettre à la pression de s'équilibrer avec la cellule, mais l'ensemble des mesures ne doivent pas durer trop longtemps. En effet cet étalonnage se fait à une constante de pression près, due à la colonne de liquide dans le capillaire au-dessus de la cellule. La hauteur de cette colonne de liquide est directement reliée au niveau d'^{4}He dans le vase 4K et donc varie avec le temps. Dans notre cryostat le niveau du vase 4K évolue d'environ 5-6 mm/heure. Ainsi si ce niveau varie trop cela changera de façon significative cette constante de pression.

2.2.3.2 Choix de la pression de remplissage

Cette étape est importante car elle va déterminer la gamme de température que nous pourrons balayer avec le thermomètre à courbe de fusion. En effet, on remplit le MCT au-dessus de 1 K à une certaine pression alors que l'^{3}He est liquide. Lors du refroidissement, il va se former un bouchon solide dans le capillaire de remplissage. La masse totale d'^{3}He présent dans la cellule restera constante mais la quantité de solide et de liquide variera en fonction de la température.

On voit ainsi sur la Figure 2.12 qu'en fonction de la pression initiale du liquide au remplissage, on pourra ou non parcourir la courbe de fusion liquide-solide à plus basse température. Typiquement on remplira à 35,5 bars pour calibrer les thermomètres. Des précautions particulières sont à prendre pour mesurer le minimum car alors la quantité de solide peut devenir importante et il faut éviter que le volume du solide dépasse le volume libre de la cellule. Il tente alors de croître dans les pores du fritté d'argent ce qui a pour effet de déplacer légèrement la courbe de fusion en dessous de la vraie. Cela fausse les mesures de températures d'une part mais augmente aussi le temps de thermalisation [94].

2.2. CALIBRATION DES THERMOMÈTRES

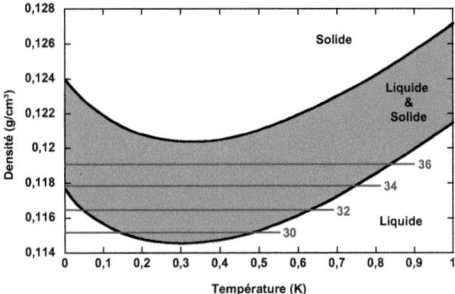

FIGURE 2.12 – Diagramme de densité en fonction de la température pour la courbe de fusion de l'^{3}He. Les pressions sont indiquées sur les traits bleus horizontaux.

2.2.3.3 Détermination de la pression hydrostatique

Afin de déterminer la pression hydrostatique due à la colonne de liquide dans le capillaire, on parcourt le minimum de la courbe de fusion puis on ajuste alors la pression mesurée avec le *point fixe* donné par la PLTS-2000 ($P_{\min} = 29,3113$ bars). Comme on va mesurer le minimum, on remplit donc la cellule avec seulement 32 bars de liquide afin d'être sûr de ne pas remplir tout le volume libre de solide. On parcourt ensuite plusieurs fois le minimum par cycles de température entre 331 mK et 323 mK par pas de 1 mK, afin de s'assurer que la valeur est bien la valeur d'équilibre.

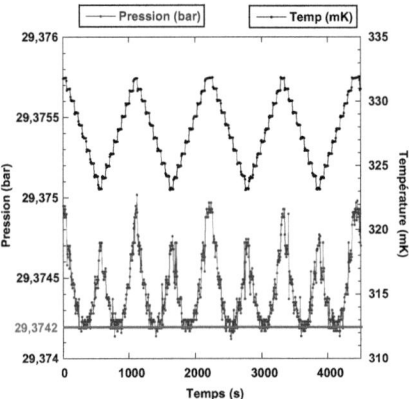

FIGURE 2.13 – Parcours du minimum de la courbe de fusion de l'^{3}He. On détermine la pression hydrostatique en comparant le minimum mesuré et théorique.

Nous avons mesuré dans notre cellule, un minimum autour de 29,37 bars (cf Figure 2.13). Nous avons donc une différence d'environ 60 mbar avec le *point fixe* de la PLTS-2000 (29,3113 bars). On notera que, pour une raisons inconnues, cette valeur est très importante par rapport aux pressions hydrostatiques habituellement de l'ordre de 10-20 mbar [99].

2.2.4 Calibrations et conclusions

Nous avons effectué deux calibrations : l'une avec toutes les fenêtres ouvertes, l'autre avec des capots en cuivre à la place des fenêtres sur le bouclier à 4 K. Les températures mesurées par le MCT sont comparées à nos deux thermomètres : Ru calibré par LakeShore jusqu'à 25 mK et S1 calibré dans notre laboratoire en 2000.

Lors du refroidissement fenêtres fermées, les thermomètres Ru et S1 sont en très bon accord avec le MCT jusqu'à 200 mK avec une erreur de moins de 5 mK. Le thermomètre Ru sature ensuite à 65 mK probablement à cause de défauts de thermalisation (cf Figure 2.14). Il n'était en effet pas totalement protégé lors de cette mesure. La température minimale est mesurée à 10,5 mK sur le MCT.

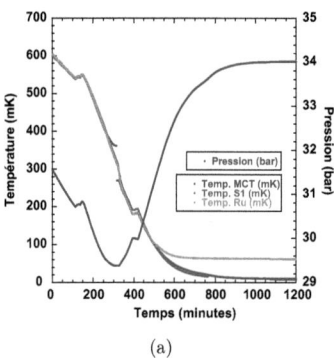
(a)

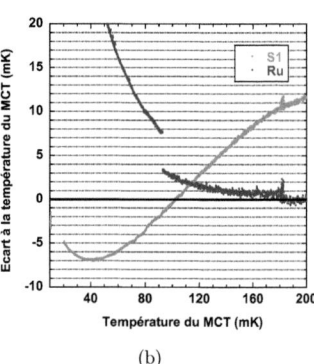
(b)

FIGURE 2.14 – Courbe de refroidissement en fonction du temps, fenêtres fermées, à gauche. On remarque bien la saturation du thermomètre Ru. À droite, les écarts en température par rapport au MCT des thermomètres S1 et Ru.

Nous avons pu aussi effectuer des études de temps de relaxation thermique sur le MCT entre 14 mK et 18 mK par paliers de 5 minutes et 0,5 mK (mesuré par S1) pendant 5 minutes. On observe des temps de relaxation de l'ordre de 100 s ce qui est très rapide, au delà même de la valeur théorique attendue. On notera aussi que la lecture de la capacité du pot 1K influence la température sur S1 de 0,05 mK mais pas du tout celle du MCT, ce qui confirme que l'effet est surement d'origine électronique sur la lecture du thermomètre et non pas thermique.

Avec les fenêtres ouvertes, la température minimale atteinte avec des caches en inox sur les fenêtres extérieures est de 15,05 mK sur MCT. Ru, dont la protection

2.2. CALIBRATION DES THERMOMÈTRES

contre les radio-fréquences a été améliorée reste toutefois limité à une température de 24 mK (cf Figure 2.15), donc on s'en sert seulement à haute température.

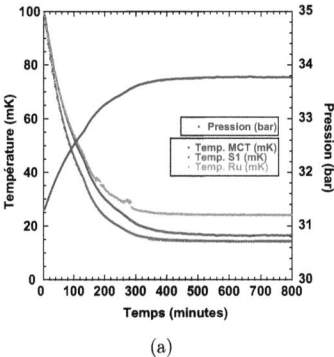
(a)

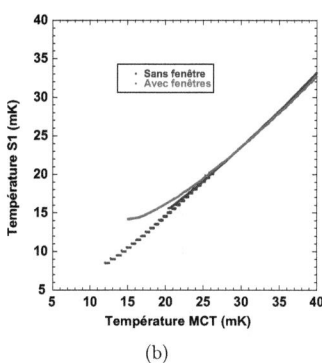
(b)

FIGURE 2.15 – (a) Courbe de refroidissement en fonction du temps, fenêtres ouvertes. (b) Écart de lecture de S1 en fonction de la température du MCT avec et sans fenêtre. On remarque une séparation suivie d'une saturation dès 30 mK.

On effectue plusieurs tests avec les fenêtres. En retirant les caches en inox (salle allumée), la température augmente de 1,2 mK sur S1 et de 2,2 mK sur MCT avec une légère différence de 0,3 mK entre la fenêtre avant et arrière du cryostat. Pour obtenir une variation de température similaire sur MCT à cette température, il faut envoyer 1,4 μW dans la résistance chauffante. Cette puissance peut donc être assimilée à celle du rayonnement pénétrant par les fenêtres jusqu'à la cellule. Elle est très supérieure aux estimations de puissances attendues après passage par les filtres calculées dans la partie 2.1.2 d'environ 4 nW. Enfin, un dernier test consiste à remplacer caches extérieurs en inox par des caches en carton noir bloquant la lumière mais pas les RF. On observe une variation de 0,35 mK sur S1 et aucune variation sur MCT indiquant que les RF n'affectent donc que la lecture de S1 et non pas la température réelle.

Nous pouvons donc maintenant établir une loi de calibration qui convertit la résistance de S1 à la température. Dans le cas d'un thermomètre carbone, on peut écrire la variation de la résistance en fonction de la température T comme :

$$R \propto e^{\left(\frac{T_0}{T}\right)^{1/\alpha}} \quad \text{ou} \quad \log(R) \propto \left(\frac{1}{T}\right)^{1/\alpha} \tag{2.9}$$

avec α et T_0 des paramètres d'ajustement. On a donc cherché à ajuster l'évolution de S1 de façon polynomiale avec une loi de la forme :

$$\sum a_i \log(R)^i = \left(\frac{1}{T}\right)^{1/\alpha} \tag{2.10}$$

$$T = \exp\left[-\alpha \ln\left(\sum a_i \log(R)^i\right)\right] \tag{2.11}$$

Il est très difficile de trouver un loi unique capable de décrire l'ensemble de la gamme de température parcourue par S1. Son évolution est donc segmentée sur deux ou trois régions par des lois différentes. Les calibrations obtenues lors de cette expérience ont permis d'obtenir une precision de mesure bien meilleure qu'avec la calibration précédente comme le montre la comparaison de la Figure 2.16.

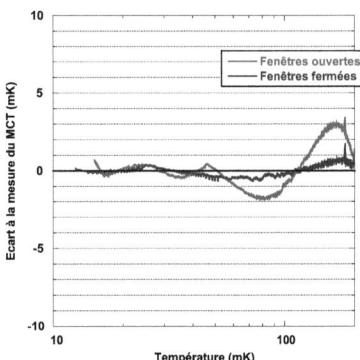

FIGURE 2.16 – Écarts aux températures du MCT des deux nouvelles calibrations de S1 dans la région des basses températures pour les deux configurations : fenêtres ouvertes ou fermées. La précision est supérieure au millikelvin.

2.3 Cellules expérimentales

2.3.1 Description et conception de la cellule

La cellule expérimentale est un trou hexagonal d'environ 5 cm^3 à travers une plaque de cuivre de 15 mm d'épaisseur. Cette cavité est fermée de part et d'autre par deux fenêtres en saphir de 29 mm de diamètre pour 5 mm d'épaisseur, serrées sur un joint d'indium par deux brides en acier inox (voir Figure 2.17). L'indium est un métal mou à température ambiante couramment utilisé en cryogénie pour réaliser des joints d'étanchéité résistant aux basses températures. Dans notre laboratoire nous extrudons nous mêmes les fils d'indium à différents diamètres à l'aide d'une presse à huile. Pour cette cellule, le joint d'indium de 1,1 mm de diamètre déposé dans une gorge de 1 mm de large pour 0,65 mm de profondeur. Ainsi, nous pouvons estimer que l'indium s'étalera sur un anneau de 3 mm de large en dehors de la gorge avec une épaisseur de 50 μm.

La cellule doit être conçue pour résister à des pressions de l'ordre de 70 bars nécessaires à la croissance des cristaux d'hélium. Dans les cellules précédentes dont

2.3. CELLULES EXPÉRIMENTALES

FIGURE 2.17 – Photo de la cellule n°2 fixée au cryostat.

la forme générale était sensiblement similaire, les brides étaient serrées de part et d'autre par 6 vis en acier inox. Les trous filetés prévus pour les recevoir étaient usinés sur la cellule en cuivre directement. Cela fonctionnait pour des fenêtres plus petites mais après de nombreuses fuites observées au niveau de nos fenêtres plus grandes, il a fallu modifier cette conception.

La force exercée par la fenêtre sous une pression de 70 bars vaut $F = 70 \times \frac{\pi}{4} \times 0,029^2 \simeq 5000$ N. Aussi les vis de norme M4 utilisées ont un filetage de diamètre intérieur 3,3 mm et extérieur de 3,9 mm pour un pas de 0,7 mm. Ainsi pour une longueur de vis enfoncée de 6 mm soit 8 pas, on peut estimer la surface totale de contact pour les six vis à : $S = \frac{\pi}{4}(3,9^2 - 3,3^2) \times 8 \times 6 \simeq 163$ mm^2. La contrainte sur le filetage est donc de l'ordre de 30 MPa. Sachant que la limite élastique du cuivre se situe autour de 40 MPa [101], on comprend donc que les différents cycles en température aient pu déformer de façon irréversible le filetage, relâchant ainsi le serrage de l'indium et déformant la planéité de la portée de joint. La limite élastique

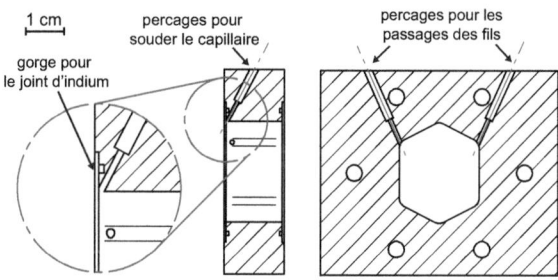

FIGURE 2.18 – Plan en coupe de la cellule vue de face et de coté. Sur la vue détaillée, on aperçoit l'arrivée du capillaire de remplissage sur le coin de la cavité.

de l'acier inox quant à elle se situe autour de 300 MPa, il vaut donc mieux utiliser un filetage en inox à l'extérieur. Pour ne pas avoir à modifier toute la cellule, nous avons donc décidé d'utiliser 6 vis traversantes, serrées par des boulons en inox. Afin de s'assurer doublement du bon maintien de cette configuration, nous avons utilisé des vis en un acier trempé non inoxydable, dont la limite élastique est deux fois supérieure à celle de l'acier inox.

Afin de pouvoir remplir la cellule d'hélium, un perçage de 2 mm de diamètre puis de 0,8 mm relie l'extérieur de la cellule et l'intérieur de la cavité (voir Figure 2.18). On y brase alors un manchon de cuivre percé qui accueillera le capillaire de remplissage d'hélium en CuNi, de diamètre extérieur 0,75 mm et intérieur 0,4 mm. L'impédance thermique du manchon rend possible la soudure à l'étain du capillaire sans chauffer l'ensemble de la cellule.

L'ensemble de la cellule est fixé à la chambre de mélange du cryostat à dilution via deux poutres de cuivre sur lesquelles on visse les thermomètres et le chauffage (voir Figure 2.17). Ces poutres ont pour rôle de rigidifier la cellule comme nous allons le voir dans la partie 2.3.5. Cette cellule à été usinée dans l'atelier du laboratoire par José da Silva Quintas et ses deux collègues Carlos Goncalves et Eric Nicolau que je remercie ici. Intéressons-nous maintenant au dispositif de mesure qui nous permet de mesurer les propriétés élastiques de l'hélium solide.

2.3.2 Dispositif de mesure

Le système de mesure qui a permis de cisailler et de mesurer l'élasticité de l'hélium solide est dans la cavité. Il a été mis en place avec l'aide de John Beamish alors en année sabbatique dans notre laboratoire. Deux transducteurs piézoélectriques rectangulaires en Titano-Zirconate de Plomb (PZT 5A) de chez Boston Piezo Optics sont collés avec du Tra-Bond 2151 sur deux blocs de laiton, eux-même collés et se faisant face dans la cavité. L'utilisation de blocs supports dans une matière

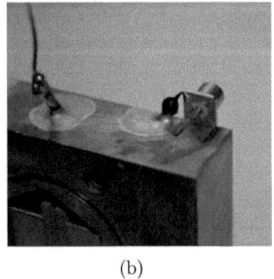

(a) (b)

FIGURE 2.19 – (a) Photo de la cellule avant la mise en place des blocs et des transducteurs posés devant. Les passages pour les fils sont déjà réalisés. (b) Photo de la connexion entre le fil à la sortie du passage étanche et la prise SMB. Une coque métallique permettra de blinder cette portion.

2.3. CELLULES EXPÉRIMENTALES

différente du cuivre a pour objectif de réduire les ondes acoustiques générées par les céramiques en diminuant la transmission vers le corps en cuivre de la cellule par des changements d'impédance et ainsi éviter des effets d'échos.

Les faces des céramiques sont recouvertes d'une couche d'or faisant office d'électrode. Chaque céramique a une électrode reliée à la masse et une autre reliée à un connecteur à l'extérieur de la cavité. Pour limiter l'induction entre les deux céramiques, nous avons choisi de connecter les électrodes se faisant face à la masse via un fil soudé entre l'électrode et la cellule. De l'époxy conductrice de chez LakeShore est appliquée entre les blocs, le fil et la cellule et assure une bonne connexion électrique. Afin qu'il n'y ait pas de contact électrique entre la seconde électrode et le bloc de laiton sur lequel elle est collée, une première couche très fine de Tra-Bond qui est un bon isolant doit être appliquée sur la face du bloc puis poncée pour réduire son épaisseur au maximum. On soude alors sur cette électrode un fil de cuivre très fin qui rejoint l'extérieur de la cavité par une perçage de 1 mm de diamètre scellé ensuite avec du Stycast 2850-FT. Un connecteur SMB blindé permet alors de relier facilement la céramique à l'une des lignes coaxiales traversant le cryostat (voir Figure 2.19). On peut estimer la capacité qui existe entre les deux céramiques en mesurant la capacité entre les lignes coaxiales reliant les céramiques. On trouve 0,0001 pf lorsque la cellule n'est pas connectée et 0,0140 pF lorsque la cellule est connectée.

(a)   (b)   (c)

FIGURE 2.20 – Photos de la première (a) et de la deuxième (b) configuration du dispositif de mesure. La troisième configuration (c) avec des transducteurs PMN-Pt a été testée mais les céramiques n'ont pas résisté au passage à froid

Pour des raisons qui seront expliquées dans la partie 3.1.2, deux cellules de ce type ont été construites durant ma thèse. Dans la première (Figure 2.20(a)), des blocs rectangulaires supportent des céramiques de dimension : $L = 12,7$ mm, $l = 9,5$ mm, $e = 1,8$ mm. L'espace séparant les deux transducteurs est alors de 1,2 mm. Dans la seconde (Figure 2.20(b)), des blocs trapézoïdaux supportent des céramiques légèrement différentes : $L = 9,5$ mm, $l = 9,5$ mm, $e = 1,8$ mm. L'interstice entre les deux n'est plus que de 0,7 mm. Une troisième configuration (Figure 2.20(c)), a été testée sans succès avec des transducteurs en PMN-Pt de chez TRS Technologies au lieu des PZT habituels. Ces derniers sont des monocristaux qui possèdent un facteur de qualité bien supérieur aux PZT. De plus la variation de leurs propriétés avec la température est quasi-nulle voire nulle dans certaines directions [102]. Malheureusement, solidement collés au blocs de laiton, ils n'ont pas résisté aux contractions thermiques subies lors du refroidissement et se sont brisés.

2.3.3 Caractérisation des céramiques

2.3.3.1 Fréquence de résonance

Les matériaux piézoélectriques ont la capacité de se déformer lorsqu'on les soumet à un champ électrique et réciproquement, ils se polarisent électriquement lorsqu'ils sont contraints mécaniquement. Ce comportement spontané dans plusieurs cristaux naturels ou synthétiques est dû à la structure cristalline qui favorise l'apparition de dipôles dans chaque maille atomique par déplacement des centres de charges. Les transducteurs utilisés dans notre expérience sont des PZT 5A qui ont été polarisés au préalable par le fabricant (Boston Piezo Optics). L'axe de polarisation est défini par convention comme étant l'axe 3 sur la Figure 2.21.

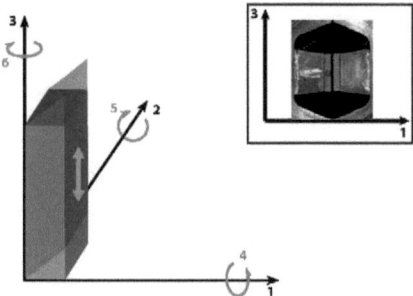

FIGURE 2.21 – Schéma d'un transducteur piézoélectrique et des axes conventionnels utilisés pour sa caractérisation. Dans l'encart ces axes sont représentés par rapport à notre cellule de mesure.

Les fréquences de résonance de la céramique peuvent être calculées à partir de ses dimensions et de la vitesse du son dans le matériau. Dans le cas d'une céramique de type *plaque*, polarisée pour un cisaillement de l'épaisseur, la fréquence du fondamental va être donnée par l'épaisseur. Dans notre cas pour une épaisseur de $e = 1,8$ mm et une vitesse du son dans cette direction de $N_S = 1080$ m/s, on trouve $\nu_{\text{fond.}} = N_S/e = 600$ kHz. C'est une déformation de cisaillement dans le plan défini par les axes **1** et **3**. Ce tye de déformation est défini dans la littérature comme une déformation réalisée selon l'axe virtuel 5 représenté sur la Figure 2.21.

À des fréquences proches de la résonance, les propriétés du transducteur piézoélectrique peuvent être modélisées par le circuit décrit sur la Figure 2.22(a). C_0 représente la capacité électrique de la céramique et la branche avec L, C et R en série représente les propriétés mécaniques telles que la masse effective, la flexibilité

2.3. CELLULES EXPÉRIMENTALES

ou la dissipation. La caractéristique de la céramique représentant son impédance (en échelle logarithmique) en fonction de la fréquence est donnée sur la Figure 2.22(b).

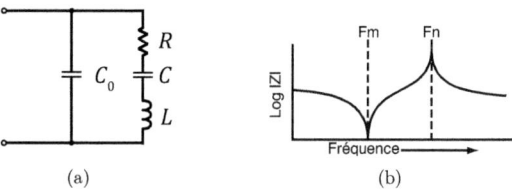

FIGURE 2.22 – (a) : Circuit électronique modélisant un transducteur piézoélectrique proche du fondamental. (b) : Caractéristique d'une céramique piézoélectrique.

Ainsi en mesurant l'impédance de la céramique en fonction de la fréquence, nous avons pu vérifier son bon fonctionnement et la présence d'une résonance à la fréquence du fondamental. Pour effectuer cette mesure, nous réalisons un petit montage décrit sur la Figure 2.23. L'impédance de 50 Ω qui représente l'impédance de sortie du générateur de fonction pourra être négligée. Elle est en série avec une autre résistance R de quelques kΩ puis avec la céramique d'impédance Z_C. Alors le courant I dans le circuit est donné par :

$$I = \frac{V_g}{R + Z_C} \qquad (2.12)$$

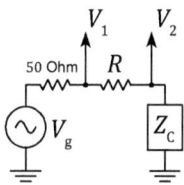

FIGURE 2.23 – Schéma du circuit électrique permettant de mesurer l'impédance Z_C de la céramique.

En mesurant les tensions V_1 et V_2 aux bornes de la résistance, comme $R \gg Z_C$, l'intensité est alors indépendante de la fréquence et on obtient :

$$Z_C \simeq \frac{V_2}{V_1 - V_2} R \qquad (2.13)$$

Nous avons balayé la fréquence jusqu'à 1 MHz avec une résistance $R = 1$ kΩ et une tension d'amplitude 5 V. Comme on peut le voir sur la Figure 2.24, on observe deux pics de résonance à 603 kHz et 688 kHz très proches de la valeur N_S/e de 600 kHz. On remarque aussi que la forme de la courbe est assez éloignée de ce qu'elle devrait être d'après la Figure 2.22(b). La différence provient probablement de l'environnement de la céramique qui est collée et contrainte sur l'une de ses faces. L'ensemble de petites résonances à plus basse fréquence et qui forme un bruit de fond peut être causé par des résonances dans le cuivre de la cellule.

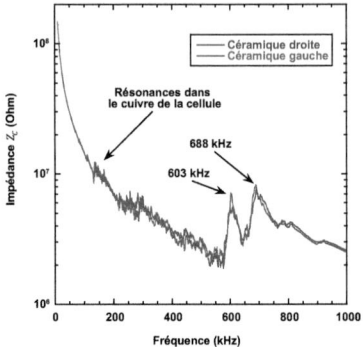

FIGURE 2.24 – Étude en fréquence de l'impédance des deux céramiques de la cellule notées "droite" et "gauche". On observe deux pics de résonance.

2.3.3.2 Coefficient piézoélectrique

Lorsqu'on applique une tension (i.e. un champ électrique) de basse fréquence $V(t) = V_0 \exp(i\omega t)$ aux bornes de la céramique (sur les faces selon l'axe 1), celle-ci se déforme selon le mode fondamental selon l'axe 5. Pour $\omega/2\pi \ll \nu_{\text{fond.}}$, le déplacement $\delta x(t)$ d'une face du transducteur par rapport à l'autre est alors donné par :

$$\delta x(t) = d_{15} V(t) \tag{2.14}$$

où d_{15} est la *constante de charge* du piézoélectrique qui relie le déplacement du transducteur selon l'axe 5 au champ électrique selon l'axe 1. Elle est fournie par le fabricant à température ambiante, $d_{15}(300K) = 5,85$ Å/V.

Nous avons voulu vérifier cette valeur. Pour cela nous avons utilisé un petit dispositif conçu par John Beamish et ses deux étudiants Syed Manzoor et Shahidul Islam à l'University of Alberta. Cette étude a été réalisée lors d'un séjour à Edmonton, au Canada en février 2013. On mesure la capacité entre deux blocs de cuivre, l'un fixe et l'autre mobile posé sur la face d'un transducteur plaque comme ceux que nous utilisons. Le transducteur est entouré de deux feuillets métalliques qui font office d'électrodes et le tout est maintenu serré par deux aimants. Le bloc mobile est collé sur l'aimant supérieur, de cette façon le dispositif reste démontable. La Figure 2.25 présente un photo du dispositif.

2.3. CELLULES EXPÉRIMENTALES

FIGURE 2.25 – Dispositif permettant de mesurer le coefficient piézoélectrique d_{15}.

Lorsqu'on applique une tension continue δV entre les deux électrodes du transducteur, cela induit un déplacement $\delta x = d_{15} \delta V$ de la face supérieure selon la direction de cisaillement. Le bloc mobile s'éloigne ou se rapproche du bloc fixe de δx en fonction du signe de la tension. La capacité C entre les deux blocs, varie donc en fonction de la distance entre les deux faces $x_0 + \delta x$ de surface S selon :

$$C(x_0) + \delta C = \frac{\varepsilon_0 S}{x_0 - \delta x} \qquad (2.15)$$

où ε_0 est la permittivité du vide ($8{,}85 \times 10^{-12}$ F/m). Comme $\delta x \ll x_0$, on peut faire le développement au premier ordre suivant :

$$C(x_0) + \delta C = \varepsilon_0 S \left(\frac{1}{x_0} + \frac{\delta x}{x_0^2} \right) = C(x_0) + \frac{C(x_0)^2}{\varepsilon_0 S} \delta x \qquad (2.16)$$

On peut alors remplacer δx par $d_{15} \delta V$, aussi la distance x_0 est celle pour $V = 0$. On obtient donc une expression de d_{15} proportionnelle à la variation de la capacité en fonction de la tension appliquée :

$$d_{15} = \frac{\varepsilon_0 S}{C(0)^2} \times \frac{\delta C}{\delta V} \qquad (2.17)$$

Nous commençons par une série de mesures à température ambiante en appliquant une rampe de tension entre -100 V et 100 V puis entre 100 V et -100 V durant laquelle nous mesurons la capacité à l'aide d'un pont Andeen-Hagerling 2700. La Figure 2.26 représente cette série de mesures. Nous remarquons que le comportement de la céramique dépend du sens de variation de la tension et qu'il est hystérétique. De plus la variation de la capacité en fonction de la tension appliquée semble quitter le régime linéaire pour les hautes tension au-delà de ±20 V. Nous ne comprenons pas cette non linéarité et pour les mesures suivantes, nous réduirons donc la plage d'étude à ±10 V. De toute façon, nous n'utiliserons pas ces céramiques avec des tensions de plus de 1 V.

L'hystérésis est peut-être causée par des changements de température de la pièce auxquels la céramique est très sensible. Cet effet devrait disparaître dans un cryostat

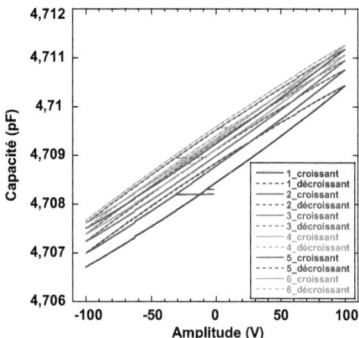

FIGURE 2.26 – Variation de la capacité entre les deux blocs en fonction de la tension appliquée aux bornes du transducteur entre -100 V et 100 V à température ambiante. L'hystérésis ainsi que la différence en fonction du sens de variation de la tension sont causés par des effets thermiques extérieurs.

avec une température régulée. Enfin la différence de comportement en fonction du sens de variation semble propre à ces céramiques à température ambiante et se réduit au fur et à mesure des cycles. Cela devrait aussi être annulé à basse température. Grâce aux mesures de la Figure 2.27(a), on extrait des valeurs pour le coefficient piézoelectrique d_{15} qui valent $4,70\pm0,1$ Å/V pour les tensions croissantes et $4,45\pm0,1$ Å/V pour une tension décroissante. Ces valeurs sont proches de celle fournie par le constructeur (5,85 Å/V), la différence pouvant venir du fait que la céramique n'est pas totalement libre dans notre dispositif.

La réduction des coefficients des céramiques PZT à basse température est connue et peut être importante. Un facteur 3 à 5 entre 300 K et 4 K a été trouvé par Zhang et al. sur les coefficients d_{13} et d_{33} [103]. Day et al. ont estimé d_{15} dans leur expérience en supposant que le solide possédait un module de cisaillement intrinsèque de 150 bars pour un solide d'^{4}He à 35 bars [73]. Ils trouvent ainsi une valeur de $d_{15} = 1,2$ Å/V, soit 5 fois inférieure à sa valeur à température ambiante. Nous avons donc voulu tester ce dispositif à basse température. La Figure 2.27(b) montre la valeur de la capacité en fonction de la tension appliquée à 77 K et 1 K. Comme nous l'avions espéré ces mesures ne présentent plus ni hystérésis ni différence en fonction du sens de variation de la tension.

Nous obtenons des valeurs de d_{15} de $0,99\pm0,03$ Å/V à 77 K et de $0,94\pm0,01$ Å/V à 1 K en très bon accord avec les estimations précédentes. En effet d_{15} diminue d'un facteur 5 entre 300 K et 1 K comme ce qui avait été estimé par Day et Beamish [73]. Toutefois, ces mesures effectuées sur des céramiques libres ne prennent pas en compte les conditions réelles comme les effets dûs au collage des céramiques à l'intérieur de la cellule. Il a donc fallu trouver un moyen de mesurer le coefficient d_{15} à basse température et in-situ, d'autant plus que l'étude présentée ici a en fait été réalisée

2.3. CELLULES EXPÉRIMENTALES

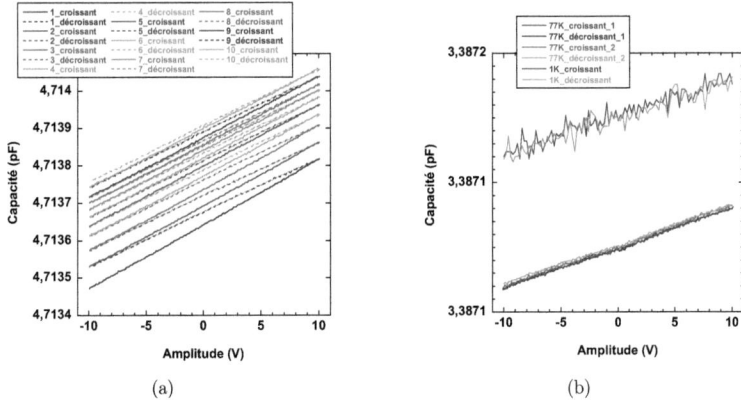

FIGURE 2.27 – Variation de la capacité entre les deux blocs en fonction de la tension appliquée aux bornes du transducteur entre -10 V et 10 V à température ambiante (a) et à basse température (b) à 77 K et 1 K. Comme prévu, l'hytsérésis disparaît à basse température. L'inflexion dans la courbe à 77 K est causée par une mauvaise régulation de la température.

après les première séries d'expérience. Dans la partie 3.1.3, nous décrivons cette autre méthode qui nous avait permis de trouver $d_{15} \sim 0,95$ Å/V en dessous de 1 K. La mesure d'Edmonton effectuée *a posteriori* a permis de valider la méthode utilisée pendant la campagne de mesure de 2012 à Paris et ses résultats ainsi que de montrer que les effets du collage n'étaient pas si perturbateurs. Notons enfin que ce dispositif peut être très facilement démonté afin d'y installer d'autres transducteurs et peut donc servir de banc d'essai très pratique pour mesurer les caractéristiques des céramiques piézoélectriques à basse température.

Le comportement des transducteurs ayant été caractérisé, nous pouvons maintenant décrire la méthode de mesure qui nous a permis d'obtenir le module de cisaillement et la dissipation à l'intérieur de l'hélium solide.

2.3.4 Méthode de mesure

La méthode de mesure du module de cisaillement est directement adaptée de celle développée par James Day et John Beamish [73]. La première céramique est reliée à un générateur de fonction (Agilent 33521A) avec lequel on applique une excitation sinusoïdale d'amplitude V_{drive} (1 mV -1 V), à des fréquences comprises entre 2 Hz et 20 kHz. Cela produit un déplacement vertical de la céramique $\delta x = d_{15} V_{\text{drive}}$ entre 0,001 et 1 Å. La déformation du solide comprise entre les deux transducteurs est donc $\varepsilon = d_{15} V_{\text{drive}}/D$, où D est l'épaisseur de l'interstice. Ainsi la contrainte induite

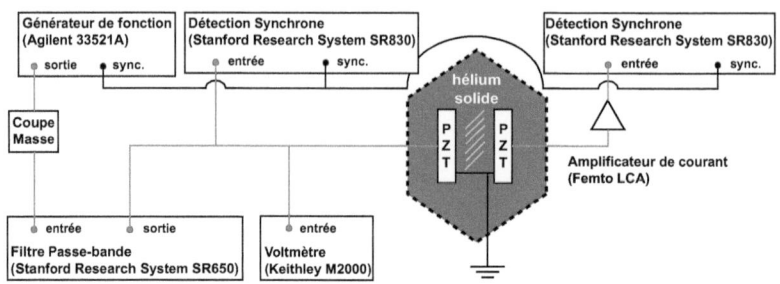

FIGURE 2.28 – Schéma du circuit de mesure du module de cisaillement.

sur la seconde céramique est donnée par :

$$\sigma = \mu\varepsilon = \frac{\mu d_{15} V_{\text{drive}}}{D} \qquad (2.18)$$

avec μ le module de cisaillement du cristal. Cette contrainte sur le matériau piézo-électrique se traduit par l'apparition de charges à la surface de la céramique telle que :

$$q = CV = d_{15}\sigma A \qquad (2.19)$$

Nous la mesurons comme un courant à une fréquence ω :

$$I = \omega q = 2\pi f q = 2\pi f d_{15}\sigma A \qquad (2.20)$$

Ainsi pour une déformation comme celle décrite dans l'équation 2.18, le courant de sortie est donné par :

$$I = \frac{2\pi f d_{15}^2 \mu V_{\text{drive}} A}{D} \qquad (2.21)$$

Un préamplificateur de courant ultra bas bruit (Femto LCA) différent pour chaque gamme de fréquences (fréquence de coupure : 20 kHz, 200 Hz ou 30 Hz) est utilisé pour augmenter ce signal avec un gain G qui varie d'un appareil à l'autre. Une mesure précise de chacun de ces gains en fonction de la fréquence sera effectuée et décrite dans le Chapitre 3.1. Ce signal est ensuite mesuré à l'aide d'une détection synchrone (Stanford Research System SR830) synchronisée sur le générateur de fonction. Après soustraction du *background* dont la mesure précise est décrite dans le Chapitre 3.1, on obtient donc le module de cisaillement directement à partir de l'amplitude V_{signal} du signal. La dissipation est la tangente de la différence de phase φ, entre l'excitation et la réponse :

$$\mu = \frac{D V_{\text{signal}} G}{2\pi A d_{15}^2 V_{\text{drive}} f} \qquad (2.22)$$
$$1/Q = \tan(\varphi) \qquad (2.23)$$

2.3. CELLULES EXPÉRIMENTALES

Ainsi, si on connait d_{15} qui reste inconnu à basse température, cette méthode nous permet d'obtenir directement la valeur du module de cisaillement et de la dissipation dans le cristal compris entre les deux céramiques.

Le Figure 2.28 schématise l'ensemble du circuit de mesure. Plusieurs rajouts ont contribué à une nette amélioration de la qualité du signal d'entrée. Cela était nécessaire pour faire des études précises à basse fréquence et à basse amplitude. Nous avons séparé la masse du générateur de fonction car nous avions observé qu'il y avait un bruit dans le signal d'excitation qui empêchait de descendre en dessous de 10 mV. Couper la boucle de masse à cet endroit a réglé le problème. Par la suite, nous avons alors remarqué que le signal envoyé à une fréquence donnée contenait de nombreux autres signaux à d'autres fréquences. Ainsi l'amplitude moyenne sur toutes les fréquences mesurée à l'aide du Keithley était plus élevée que l'amplitude du signal envoyé. Afin de palier ce problème nous avons rajouté dans la ligne, un filtre passe-bande (Stanford Research System SR650). Enfin une seconde détection synchrone en *entrée*, nous permet de connaître précisément le signal envoyé vers la cellule à la fréquence de mesure. Avant de passer à la croissance d'échantillons, intéressons nous à quelques tests préliminaires sur les caractéristiques mécaniques de cette cellule.

2.3.5 Résonances dans la cellule

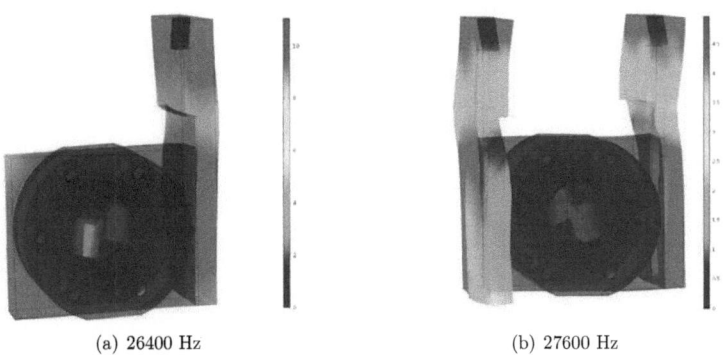

(a) 26400 Hz   (b) 27600 Hz

FIGURE 2.29 – Représentation en 3 dimensions de deux modes de vibration excités par l'une des céramiques dans la cas d'une fixation à une poutre (a) et à deux poutres (b). L'amplitude des déformations est exagérée pour plus de clarté et l'échelle est différente entre (a) et (b). On remarque bien que pour ces deux modes en particulier, la déformation de la cellule est faible comparée à celle des céramiques sur leurs blocs à l'intérieur de la cavité. [Simulations de Nabil Garroum]

Dès le stade de la conception, nous avons pu vérifier grâce à des simulations numériques que le système avec deux poutres épaisses au lieu d'une seule, comme c'était le cas pour les cellules précédentes, était plus rigide. Ces simulations ont été effectuées avec l'aide importante de Nabil Garroum, ingénieur de recherche dans notre laboratoire grâce à un programme de calcul par éléments finis. Nous avons modélisé l'ensemble de la cellule avec ses poutres de fixation afin, dans un premier temps, de calculer les modes propres de vibrations. Nous obtenons de nombreux modes à basse fréquence qui n'ont pas beaucoup d'effet sur les céramiques. Par contre, d'autres modes de vibrations à plus haute fréquence impliquent de grandes déformations des blocs supportant les céramiques et des céramiques elles-mêmes. La Figure 2.29 montre deux exemples de tels modes de vibration.

Pour éviter que notre signal de mesure interfère avec des résonances dans le cuivre, il était important de repousser ces modes particuliers aux plus hautes fréquences possible. L'idéal étant de pouvoir mesurer à des fréquences allant jusqu'à la vingtaine de kiloHertz. Nous avons donc modélisé complètement le dispositif de mesure en simulant une tension sinusoïdale d'amplitude 100 mV aux bornes d'un transducteur piézoélectrique et en mesurant les charges aux bornes du second. Pour ce modèle nous avons dû aussi introduire un amortissement pour chaque matériau ce qui détermine l'amplitude et la largeur des pics de résonance. Ainsi en mesurant la quantité de charge issue de la céramique en fonction de la fréquence, nous obtenons un spectre des fréquences de résonances de la cellule excitées par une céramique et ressentie par l'autre.

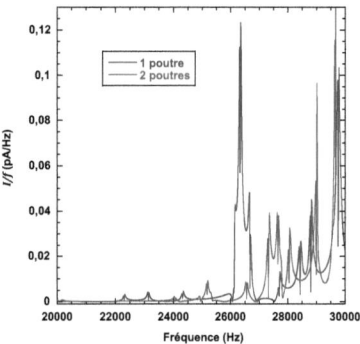

FIGURE 2.30 – Simulation du courant issu de l'un des transducteurs en fonction de la fréquence du signal appliqué sur l'autre transducteur dans le cas d'une configuration à une poutre et à deux poutres.

Le spectre est plat et aucune résonance n'apparaît en dessous de 20 kHz en accord avec nos premières observations des déformations des différents modes de vibration de la cellule. La Figure 2.30 montre le signal issu du transducteur entre 20 kHz et 30 kHz dans le cas d'une configuration à une poutre et deux poutres selon cette simulation. La structure quand elle est maintenue par deux poutres, est plus rigide : les premières résonances sont repoussées à plus haute fréquence et leur

2.3. CELLULES EXPÉRIMENTALES

amplitude est réduite. C'est pourquoi nous avons décidé de construire une cellule tenue par deux poutres au lieu d'une. Une fois la cellule en place, fixée au cryostat, nous pouvons directement mesurer ces modes de vibration dans une cellule vide et les comparer à la simulation. La Figure 2.31(a) montre le spectre en fréquence de la cellule vide à température ambiante (∼300 K). Le spectre est effectivement plat en dessous de 20 kHz ce qui est une bonne nouvelle. Cependant, la concordance exacte entre la simulation et le spectre mesuré n'est pas très bonne mais compte tenu de la complexité du modèle et de la méthode, sa valeur qualitative reste tout à fait raisonnable.

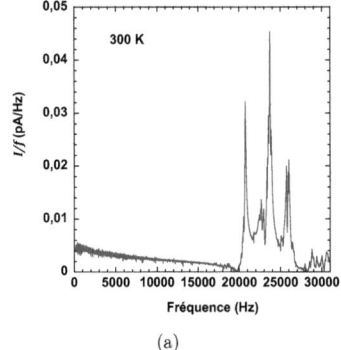
(a)

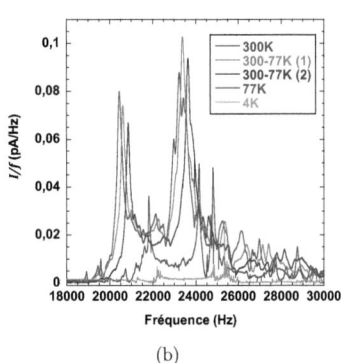
(b)

FIGURE 2.31 – (a) Spectre de résonance à température ambiante mesuré par l'un des transducteurs entre 1 Hz et 30 kHz pour un signal d'amplitude 70 mV. Les premières résonances apparaissent à 20 kHz environ. (b) Variation du spectre en fonction de la température de la cellule entre 18 kHz et 30 kHz.

Nous pouvons mesurer ce spectre de résonance en fonction de la température de la cellule lors d'un refroidissement. La Figure 2.31(b) montre une série de spectres sur une plage de fréquences plus courte entre 18 kHz et 30 kHz. On observe que lorsque la température diminue, la fréquence des pics de résonance est repoussée vers les hautes fréquences. De plus l'amplitude de ces pics diminue considérablement. Si la fréquence augmente quand la température diminue, c'est que les modules d'élasticité des matériaux augmentent rigidifiant ainsi l'ensemble de la cellule. Par exemple, le module d'élasticité du cuivre passe de 120 GPa à 300 K à 150 GPa à 50 K [101]. L'amortissement de ces résonances est aussi expliqué par ces variations des propriétés mécaniques des matériaux mais surtout par la diminution du coefficient piézoélectrique d_{15} du transducteur comme nous l'avons vu précédemment.

On obtient donc à la suite de cette étude basse température, la première résonance qui apparaît dans la cellule suite à l'excitation de l'une des céramique est à 21 kHz. Nous pouvons donc travailler sur une plage de fréquence s'entendant jusqu'à 20 kHz sans qu'un autre signal vienne interférer et se coupler à nos mesures. L'étude du dispositif expérimental est ainsi complétée, nous pouvons passer à la description des cristaux d'hélium-4 que nous faisons croître dans cette cellule.

2.4 Croissance des cristaux d'hélium

Notre étude portant sur les défauts cristallins de d'hélium solide, l'étape de croissance des cristaux est primordiale car elle détermine *la qualité* et *la pureté* des échantillons, ce qui est très important pour la suite. La qualité cristalline définit le nombre et le type de défauts présents dans le cristal. Elle dépend principalement des conditions de croissance comme cela a été expliqué par Sasaki *et al.* [104] et Pantalei *et al.* [78]. La pureté du cristal quant à elle définit le taux d'impuretés c'est à dire les éléments qui ne sont pas de l'^{4}He. Dans notre cas, nous verrons que la seule impureté encore présente dans l'^{4}He à basse température est son isotope, l'^{3}He. Cette partie décrit les différents types de cristaux que nous pouvons faire croître dans notre cryostat : des cristaux de bonne qualité et pureté comme les monocristaux préparés à 20 mK, aux polycristaux préparés à 3 K.

2.4.1 Dispositif

Les cristaux sont obtenus par injection d'hélium dans la cellule depuis des bouteilles pressurisées à l'extérieur du cryostat. Pour cela, nous avons réalisé un circuit en tubes d'acier inox de diamètre intérieur 2 mm capable de résister à des pressions de 100 bars. Les connexions sont de type Swagelok ou Sagana. Le dispositif comprend un *dipstick*, deux débitmètres, un *piège à azote* et de multiples manomètres. Le dipstick est un réservoir que l'on plonge dans l'azote (ou l'hélium) avant de le remplir. Cela permet en le réchauffant d'atteindre des pressions plus élevées que la pression maximale de la bouteille. Installés en parallèle, les débitmètres 5850E et 5850S de chez Brooks Instrument permettent de réguler le flux d'hélium gazeux dans les gammes 27 et 4,46 sccm (cm^3 standard par minute). Ils sont commandés par ordinateur via le contrôleur 0254 de chez Brooks Instrument. Le piège à azote est un volume de charbon actif à 77 K qui adsorbe les impuretés résiduelles (eau, hydrogène...) de l'hélium pour ne pas qu'elles se solidifient et bloquent le capillaire de remplissage de la cellule. En effet, à l'intérieur du cryostat, un capillaire fin (de 0,2 à 0,8 mm de diamètre intérieur selon les portions) en CuNi relie la cellule à l'extérieur avec une thermalisation sur les différents étages de température. Un filtre est placé à 4 K ce qui permet de nettoyer complètement l'hélium puisque le seul élément encore liquide à pression atmosphérique à 4 K est l'hélium.

La seule impureté encore présente dans l'^{4}He reste son isotope l'^{3}He. Durant ma thèse nous avons utilisé deux types d'hélium avec deux concentrations en ^{3}He différentes : le premier dit *naturel* avec une concentration de 300 ppb (c'est à dire 300 atomes d'^{3}He pour 1 milliard d'^{4}He) vendu par Air Liquide et le second dit *ultrapur* à 0,4 ppb acheté à l'US Bureau of Mines. La pureté isotopique de cette bouteille a été mesurée avec un spectromètre de masse au CEA à Saclay. Toutefois la concentration en ^{3}He dans le solide peut être très différente de ces deux concentrations nominales comme nous allons le voir plus loin.

2.4. CROISSANCE DES CRISTAUX D'HÉLIUM

Nous observons les cristaux d'hélium à l'intérieur de la cavité à travers les fenêtres du cryostat à l'aide d'une caméra CCD. La cellule est illuminée par une source de lumière parallèle, créée en plaçant une source ponctuelle proche du foyer objet d'une lentille convergente. Ce type d'éclairage permet de rendre nettement visibles les facettes du cristal par réfraction de la lumière. Nous pouvons classer les différents cristaux d^{4}He que nous pouvons faire croître en 3 catégories que nous allons décrire maintenant.

2.4.2 Différents types de cristaux d'hélium

2.4.2.1 Croissance des monocristaux de "type 1"

Les cristaux de meilleure qualité dits de "type 1" sont préparés à température constante, typiquement autour de 20 mK, en pressurisant la cellule pleine d'hélium superfluide à une pression légèrement supérieure à la pression d'équilibre liquide-solide $P_{\text{eq}} = 25,3$ bars. En effet la transition liquide-solide étant du première ordre, il peut y avoir co-existence du liquide et du solide et il existe une énergie de barrière associée à la nucléation du solide dans le liquide. Une petite surpression de quelques millibars seulement suffit à passer cette barrière et un germe solide apparaît alors en général sur un défaut de la cellule autour duquel l'énergie de barrière locale est légèrement plus basse. Le cristal tombe ensuite dans le fond de la cellule dès que son poids est suffisant pour dépasser les effets de capillarité. La croissance continue ensuite à température et pression constante par injection de matière via le capillaire de remplissage. La Figure 2.32 montre le chemin (en rouge) dans le diagramme de phases (P, T) de l'^{4}He pour la préparation de ces cristaux.

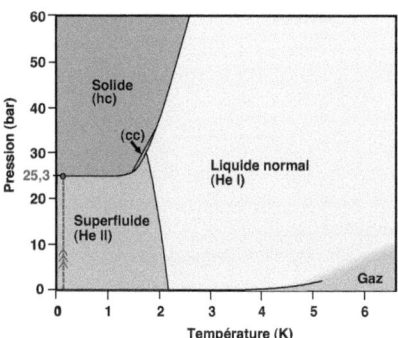

FIGURE 2.32 – Diagramme de phases (P, T) de l'^{4}He. La ligne rouge représente le chemin suivi pour la croissance de cristaux de "type 1". Le point rouge correspond au point où la mesure est réalisée.

À l'équilibre ou même durant une croissance très lente, le cristal occupe le fond de la cellule avec une interface liquide-solide horizontale, à part deux bords arrondis aux contact des parois causés par des effets de capillarité comme le ferait un liquide non mouillant. Cette interface plane est due à la gravité pendant une croissance quasi non dissipative et à la forte homogénéité de la température et du potentiel chimique. Ainsi, il n'y a pas de gradient de température mais seulement un champ gravitationnel. De plus, pour les mêmes raisons d'homogénéité, la croissance multiple de cristaux est très rare. On pourra consulter la revue de Sébastien Balibar sur la nucléation dans des liquides quantiques pour plus de détails [105].

Afin de pouvoir remplir la cellule totalement, il faut que l'orifice du capillaire de remplissage soit le plus haut point de la cellule, ainsi il reste liquide et permet l'injection de matière jusqu'à la fin de la croissance. À cet effet, le capillaire arrive sur le bord de la cavité comme on peut le voir sur le plan Figure 2.18 et la cellule est ensuite légèrement penchée vers l'arrière. L'angle de rotation est limité par les diamètres des fenêtres des différents écrans thermiques et doit être ensuite pris en compte pour aligner l'axe d'observation entre la caméra et la source lumineuse. Notre angle maximal possible est de 1,5°, nous le mesurons par réflexion d'un laser sur la fenêtre de la cellule.

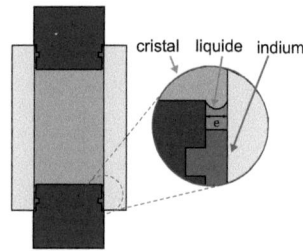

FIGURE 2.33 – Schéma de la fente liquide entre la fenêtre et la cellule.

Pour limiter la présence de liquide, il faut aussi éviter au maximum les interstices ou les fentes trop minces dans la cellule. Le solide du fait de sa tension de surface ne pourrait pas y pénétrer piégeant ainsi des poches liquides. Toutefois, il en reste un qui est difficilement supprimable, c'est l'espace entre les fenêtres en saphir et le bord de la cellule en dehors de la cavité comme on peut le voir sur le schéma de la Figure 2.33. En effet, l'épaisseur typique du joint d'indium une fois pressé est de 50 μm et bien que celui ci s'étale au delà de sa gorge, il ne remplit pas totalement la surface entre la gorge et le bord de la cavité laissant une fente de 50 μm. La courbure d'une interface liquide-solide est définie par la loi de Laplace :

$$\Delta P = \gamma C \qquad (2.24)$$

où ΔP est la différence de pression entre la phase liquide et solide, C la courbure de l'interface et γ la tension de surface de l'ordre de 0,2 mJ/m² [106]. Dans le cas d'une fente mince de largeur e, on peut prendre $C = 2/\sqrt{2}e$. On trouve alors pour

2.4. CROISSANCE DES CRISTAUX D'HÉLIUM

$e=50$ μm, $\Delta P \sim 5,7$ Pa. Ainsi si l'on reste à P_{eq} durant toute la croissance, il y aura nécessairement des poches liquides jouxtant le solide qui vont agir comme des pièges à impuretés d'^{3}He faisant varier la concentration avec la température comme nous le verrons plus en détail dans la section 2.4.2.4.

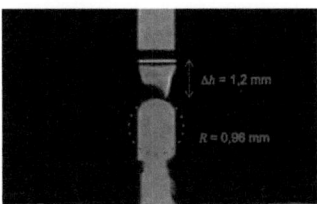

FIGURE 2.34 – Photo de la courbure formée par l'interface liquide-solide pendant la croissance dans l'interstice entre les céramiques.

Cet effet capillaire à l'interface liquide-solide s'observe d'ailleurs très bien lorsque le solide croit dans l'interstice formé par les deux céramiques. Comme on peut le voir sur la Figure 2.34, l'interface du cristal est arrondie dans cette partie, de plus, on remarque une ligne horizontale qui est la surface du solide à l'extérieur de la fente devant et derrière les céramiques. Le rayon de courbure dans la fente est de l'ordre de 1 mm ce qui permet d'en déduire une différence de pression d'environ 0,21 Pa. Cette différence de pression se traduit par la différence de hauteur de l'interface dans et en dehors de la fente que l'on mesure à 1,2 mm. Ce qui permet de retrouver une différence de pression très proche de 0,24 Pa donnée par $\Delta P = (\rho_s - \rho_l)gh$, avec ρ_s et ρ_l les densité de l'hélium solide et liquide.

La qualité du cristal dépend principalement de la température et de la vitesse de croissance qui dépend de la différence de potentiel chimique $\Delta\mu$ entre le solide et le liquide [35, 106–108]. L'^{4}He solide présente des transitions de phases de ses surfaces d'un état lisse à un état rugueux appelées *transitions rugueuses*. La température de transition vaut 1,30 K pour les facettes c, environ 1 K pour les facettes a et 0,4 K pour les facettes pyramidales. Au-dessus de cette température, la surface est rugueuse et la croissance se fait atome par atome, elle dépend linéairement de $\Delta\mu$. En dessous de la température de transition rugueuse, la surface est lisse, deux mécanismes de croissance sont alors possibles. S'il y a des dislocations vis qui émergent à la surface, la croissance s'effectue par déplacement des marches issues de la dislocation vis comme dans une source de Frank-Read. Le taux de croissance dépend quadratiquement de $\Delta\mu$. Au contraire, s'il n'y pas de dislocation vis, la croissance s'effectue par nucléations de terrasses dont Ruutu *et al.* ont montré que l'épaisseur peut atteindre 200 à 2000 couches atomiques en fonction de la température et le taux de croissance dépend exponentiellement de $\Delta\mu$. Rutuu *et al.* ont aussi observé que dans ce régime sans dislocation, si on réduit la vitesse de croissance en dessous de 0,6 nm/s, on obtenait de nouveau un régime linéairement dépendant de $\Delta\mu$ mais dont le mécanisme reste inexpliqué. Dans tous les cas la croissance sous la température de la transition rugueuse est moins créatrice de défauts que la croissance atome

76   CHAPITRE 2. DISPOSITIF EXPÉRIMENTAL

par atome des surfaces rugueuses.

Lors de la croissance, il faut aussi prendre en compte l'accrochage des facettes sur les parois. Lorsque celles-ci se libèrent brusquement, le cristal croît soudainement produisant de nombreux défauts. Une croissance lente et à basse température durant laquelle les facettes sont plus petites est donc préférable pour éviter ce genre d'événement. Nous avons mesuré les densités de dislocations de plusieurs cristaux préparés à plusieurs températures (cf Chapitre 3.3). Ces résultats confirment la dépendance de la qualité cristalline en fonction de la température de préparation.

2.4.2.2   Croissance des monocristaux de "type 2"

Les cristaux dits de "type 2", sont des monocristaux qui remplissent l'ensemble de la cellule sans laisser de poches liquides. Pour cela, nous les faisons croître à température et pression constante à 1,4 K plutôt qu'à 20 mK. Quand la cellule est quasi-pleine de solide, nous bloquons l'entrée du capillaire en augmentant la pression à l'extérieur, puis nous refroidissons la cellule jusqu'à 1 K. Ainsi, le changement de la pression d'équilibre liquide-solide de 26,1 bars (pour 1,4 K) à 25,3 bars (pour 1 K) est suffisant pour cristalliser toutes les poches liquides restantes. La Figure 2.35 montre en rouge le chemin suivi sur le diagramme (P, T) lors de cette croissance. L'avantage de cette méthode est qu'elle permet d'obtenir un cristal dans lequel la concentration en impuretés d'^{3}He ne varie pas avec la température et reste égale à la concentration du gaz d'hélium utilisé. Toutefois, avec cette méthode, le cristal est de moins bonne qualité cristalline à cause des contraintes subies lors de la variation en pression.

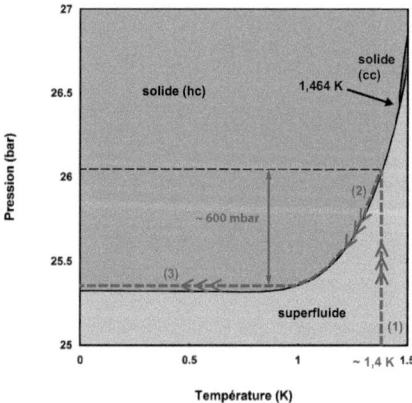

FIGURE 2.35 – Diagramme de phases (P, T) de l'^{4}He. La ligne rouge représente le chemin suivi pour la croissance de cristaux de "type 2".

Notons ici qu'il est facile en jouant sur les pressions à l'extérieur de faire fondre et recroître un même cristal tout gardant son orientation. Nous pouvons alors réduire

2.4. CROISSANCE DES CRISTAUX D'HÉLIUM

un cristal de "type 2" à un petit germe éliminant ainsi beaucoup défauts et le recroître à 20 mK pour en faire un cristal de "type 1" et réciproquement. Il faut alors bien faire attention à ne pas monter trop haut en température. Au-delà de 1,464 K, et à la pression d'équilibre liquide-solide, le cristal change de structure, de hexagonal à cubique. Cette transition modifie l'orientation irréversiblement même si on revient à une structure hexagonale.

2.4.2.3 Croissance des polycristaux

Les polycristaux sont des assemblages de monocristaux d'orientations aléatoires séparés par des joints de grains. On les fait croître à haute température et à volume constant à partir du fluide normal. Le méthode dite du *capillaire bloqué* ("blocked capillary" ou BC en anglais) est la plus courante pour réaliser des polycristaux. On se place à haute température ($\sim$3 K), la cellule et le capillaire sont alors remplis d'hélium liquide non superfluide à une pression de 60-70 bars. On commence par former un bouchon solide dans le capillaire à la hauteur du pot 1K en démarrant le pompage sur ce dernier avant de refroidir la cellule elle-même en faisant circuler le mélange de la dilution. Ainsi, sous le bouchon du pot 1K, le volume dans la cellule et dans le capillaire reste constant lors du refroidissement et le système suit donc une isochore. On s'arrange généralement pour choisir une pression initiale suffisamment élevée pour que le départ de cette isochore de la courbe d'équilibre liquide-solide intervienne avant la transition vers la phase cc à 1,772 K. La courbe rouge sur la Figure 2.36 représente le chemin suivi lors de cette croissance.

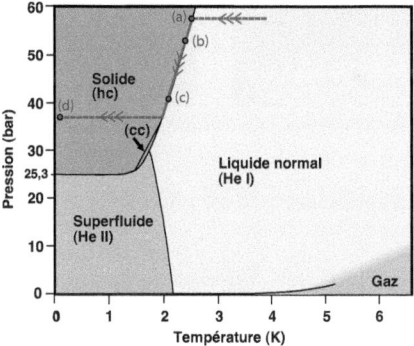

FIGURE 2.36 – Diagramme de phases (P, T) de l'^{4}He. La ligne rouge représente le chemin suivi pour la croissance de polycristaux.

La croissance d'un cristal à partir du liquide normal est très différente car il y a alors un gradient thermique entre les parois de la cellule plus froides et le centre du liquide plus chaud. Lorsque la température diminue, le système rencontre la courbe de fusion ce qui donne lieu à de la nucléation multiple sur les parois plus froides. Le front de cristallisation continue alors de se propager vers le centre de la cellule en suivant le gradient de température. Lorsque la cellule est complètement remplie de solide, on quitte la courbe de fusion pour suivre une isochore. Typiquement pour des pressions initiales comprises entre 60-70 bars, la cristallisation démarre vers 2,4 K et se termine vers 1,8 K avec une pression finale de 35 bars. Cela dure une trentaine de minutes. La Figure 2.37 montre des photographies de la croissance d'un polycristal à différents stades qui sont notés sur le diagramme de la Figure 2.36.

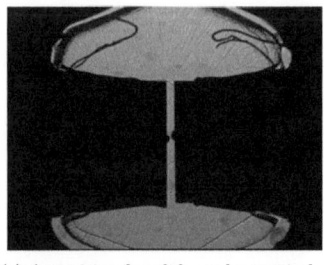

(a) Apparition du solide sur les parois de la cellule.

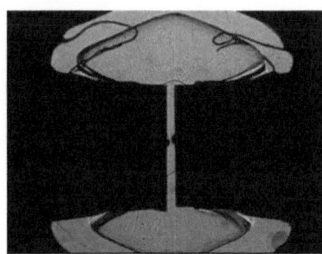

(b) Croissance du polycristal.

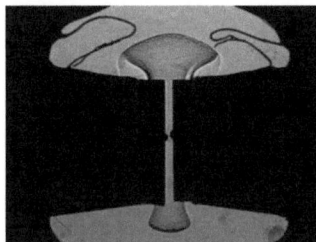

(c) Fin de la croissance du polycristal.

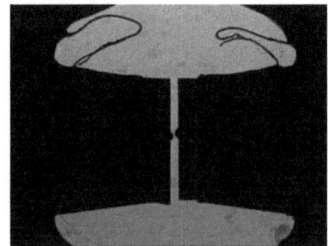

(d) Le système a quitté la courbe d'équilibre liquide-solide.

FIGURE 2.37 – Photographies montrant la croissance d'un polycristal dans la cellule n°2 par la méthode du capillaire bloqué.

Hors de l'équilibre liquide-solide, le polycristal une fois formé semble homogène car on ne distingue pas les grains ni leurs joints. Ce n'est que lors de la fonte qu'il nous est permis d'observer l'assemblage des monocristaux qui composent le polycrystal. En effet quand on rejoint le courbe de fusion, l'interface entre la vitre et l'hélium est envahie par une réseau de canaux liquides. Ces canaux sont à la jonction du verre et des joints de grains délimitant chaque monocristal dont la taille peut être de l'ordre de la dizaine de micromètres.

2.4.2.4 Pureté des cristaux d'hélium

Dans cette section, nous nous intéresserons non pas à la qualité mais à la pureté des cristaux d'hélium. Comme nous l'avons vu, en dessous de 4 K, la seule impureté encore présente dans l'^{4}He est son isotope l'^{3}He. Si la pureté du gaz d'hélium utilisé, naturel à 300 ppb ou ultrapur à 0,4 ppb est fixe, la concentration dans le solide peut varier à l'échelle macroscopique ou locale en fonction de la température ou des conditions de croissance.

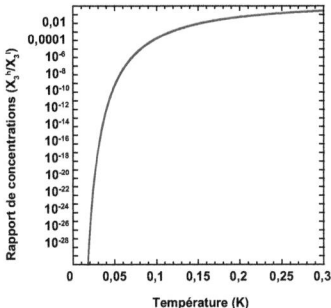

FIGURE 2.38 – Rapport des concentrations en ^{3}He dans l'^{4}He solide et liquide en fonction de la température d'après la formule 2.27.

Comme nous l'avons vu dans le Chapitre 1.2, les impuretés d'^{3}He sont capables de se déplacer librement dans le cristal d'^{4}He. C'était sans prendre en compte le piégeage par des défauts ou par le liquide. Edwards et Balibar [109] ont calculé les potentiels chimiques μ_3 et μ_4 de l'^{3}He et l'^{4}He dans un mélange ^{3}He-^{4}He liquide et solide. Nous pouvons alors calculer χ_3^h/χ_3^l, le rapport des concentrations d'^{3}He entre le solide hexagonal et le liquide en égalisant les potentiels chimiques de ce dernier dans les deux milieux. Le potentiel chimique de l'^{3}He dans le solide hexagonal d'^{4}He se détermine dans un modèle s'éloignant du modèle des gaz parfaits car il considère des interactions à 2 corps traitées dans l'approximation de champ moyen. On obtient alors en K/atome :

$$\mu_3^h = g_3^c + 0,945 + T \ln \chi_3^s \qquad (2.25)$$

où g_3^c est l'énergie de Gibbs de l'^{3}He solide en phase cubique. Le potentiel chimique dans le liquide d'^4He est déterminé avec deux approximations. La première est que la concentration en ^{3}He est faible. La seconde est que la température de croissance ($\sim$20 mK) est grande devant la température de Fermi du gaz d'^{3}He ($T_F^* = 0,08$ mK pour un gaz à 300 ppb d'^{3}He) et se situe dans le régime basse température du modèle d'Edwards et Balibar [109]. Alors, on peut considérer le gaz d'^{3}He comme un gaz parfait de particules de masse effective $m_3^* = 3,3\, m_3$, avec m_3 la masse de l'^{3}He. On obtient alors en K/atome :

$$\mu_3^l = g_3^c - 0,414 + T \left[\ln \chi_3^l + \frac{3}{2} \ln(1,7/T) + \ln 2 \right] \qquad (2.26)$$

En égalisant les potentiels chimiques μ_3^h et μ_3^l, on trouve donc :

$$\frac{\chi_3^h}{\chi_3^l} = 4,43 T^{-3/2} \exp\left(\frac{-1,359}{T}\right) \qquad (2.27)$$

Le Figure 2.38 trace ce rapport en fonction de la température. A basse température, l'exponentielle domine sur le terme de puissance et on obtient une loi de type Arrhenius avec une énergie d'activation de 1,359 K qui correspond à la différence d'énergie d'un ^{3}He entre le liquide et le solide. Elle s'explique par la différence de volume molaire entre le liquide et le solide mais aussi à cause des déformations élastiques induites par la présence d'une impureté d'^{3}He dans un cristal d'^{4}He.

Ainsi, à 20 mK, le rapport des concentrations est de l'ordre de 10^{-30}, donc la concentration en impuretés du solide d'^{4}He à l'équilibre avec le liquide est de 3×10^{-37} pour une concentration initiale de 300 ppb. Autrement dit, il n'y a alors plus aucune impureté dans le solide. En effet, compte tenu que la cellule contient environ 10^{20} atomes d'hélium, le nombre d'^{3}He n_3^h dans le solide est donc de :

$$n_3^h = 10^{20} \times 10^{-37} = 10^{-17} \approx 0 \qquad (2.28)$$

Une croissance lente en équilibre avec le liquide permet donc d'évacuer toutes les impuretés du solide vers le liquide. Cette méthode est connue en métallurgie sous le nom de *méthode de la fusion de zone*. Par contre, si le cristal reste en équilibre avec le liquide comme c'est le cas pour les monocristaux de "type 1" (voir section 2.4.2.1), la concentration en impuretés évolue avec la température selon l'équation 2.27. À 300 mK, la concentration est quasiment équilibrée entre le solide et le liquide (cf Figure 2.38) est celle du gaz d'hélium utilisée. Dans nos cristaux qui contiennent des dislocations, il existe en plus des états d'énergie intermédiaire pour l'^{3}He sur la dislocation. Un modèle dynamique complet de la concentration d'^{3}He dans l'^{4}He solide doit prendre en compte ces énergies de piégeage qui augmentent la concentration locale, autour des dislocations.

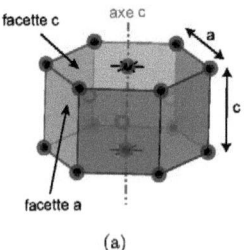
(a)

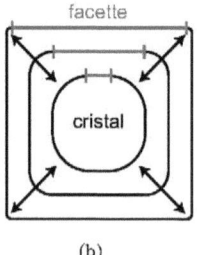
(b)

FIGURE 2.39 – (a) Représentation d'une maille hexagonale compacte. (b) Schéma représentant la croissance facettée : les facettes lisses (en bleu) croissent moins vite que les coins rugueux et donc apparaissent agrandies.

2.4.3 Orientation des monocristaux d'hélium

2.4.3.1 Détermination de l'orientation

En dessous de leurs températures de transition rugueuse, les facettes d'un cristal sont visibles. Dans le cas de l'^{4}He solide, en dessous de 1 K, les facettes a et c de sa structure hexagonale sont visibles (cf. Figure 2.39(a). À l'équilibre liquide-solide, elles sont difficiles à voir. Toutefois, étant donné que la croissance est plus rapide sur les arêtes qui sont rugueuses que sur les facettes qui sont lisses, les facettes vont donc apparaître lors de croissances rapides, comme on peut le comprendre sur la Figure 2.39(b). Pour plus de détails sur les surfaces des cristaux d'hélium, on pourra lire la revue de Sébastien Balibar sur le sujet [106].

À basse température, la croissance du cristal sur les régions rugueuses est rapide et quasiment sans dissipation. Les facettes au contraire, croissent plus lentement et ne seront donc visibles que pendant un temps court avant de refondre, laissant le cristal revenir à sa forme d'équilibre quand on arrête la croissance. On observe sur la Figure 2.40, une série de clichés séparés de une seconde pris lors d'une croissance facettée du cristal X2. Sur la première, le cristal est dans sa forme d'équilibre, puis on injecte rapidement de la matière pour faire croître ce germe et les facettes apparaissent.

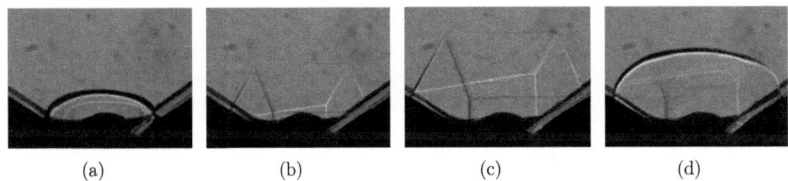

(a) (b) (c) (d)

FIGURE 2.40 – Croissance facettée du monocristal X2. (a) le cristal est à l'équilibre liquide-solide, (b) et (c) la croissance rapide montre les facettes du cristal, (d) le cristal retourne à l'équilibre. Chaque cliché est espacé de 1 seconde.

À partir de ces clichés, nous pouvons remonter à l'orientation de l'axe **c** ou encore [0001] du cristal que l'on définira par deux angles θ et φ comme indiqué sur la Figure 2.41. Les valeurs de θ et φ sont obtenues en faisant coïncider par superposition une représentation dans l'espace d'un prisme hexagonal avec le cliché de la croissance facettée. Cette opération est réalisée à l'aide du logiciel JCrystal.

2.4.3.2 Conséquence de l'orientation sur les mesures élastiques

Comme nous l'avons décrit dans le Chapitre 1.1, le tenseur élastique d'un cristal hexagonal compact comme nos cristaux d'^{4}He comprend 5 coefficients élastiques indépendants c_{ij} avec i et j allant de 1 à 6. Dans le cas où l'axe **c** est parallèle à la direction z, il s'écrit :

$$\begin{pmatrix} c_{11} & c_{12} & c_{13} & 0 & 0 & 0 \\ c_{12} & c_{11} & c_{13} & 0 & 0 & 0 \\ c_{13} & c_{13} & c_{33} & 0 & 0 & 0 \\ 0 & 0 & 0 & c_{44} & 0 & 0 \\ 0 & 0 & 0 & 0 & c_{44} & 0 \\ 0 & 0 & 0 & 0 & 0 & c_{66} \end{pmatrix} \quad \text{avec} \quad c_{66} = \frac{c_{11} - c_{12}}{2}$$

Dans notre expérience, l'axe **c** n'est pas toujours aligné avec la direction verticale z' du cisaillement et cette orientation particulière du cristal est donnée par les angles θ et φ définis dans la partie précédente. Il faut donc appliquer un changement de repère à ce tenseur qui dans cette notation simplifiée fait intervenir les matrices de Bond. Les rotations d'angle η autour de l'axe y sont appliquées par :

$$M_y(\eta) = \begin{pmatrix} \cos^2 \eta & 0 & \sin^2 \eta & 0 & -\sin 2\eta & 0 \\ 0 & 1 & 0 & 0 & 0 & 0 \\ \sin^2 \eta & 0 & \cos^2 \eta & 0 & \sin 2\eta & 0 \\ 0 & 0 & 0 & \cos \eta & 0 & \sin \eta \\ \frac{1}{2}\sin 2\eta & 0 & \frac{1}{2}\sin 2\eta & 0 & \cos 2\eta & 0 \\ 0 & 0 & 0 & -\sin \eta & 0 & \cos \eta \end{pmatrix} \quad (2.29)$$

et les rotations d'angle ξ autour de l'axe z sont appliquées par :

$$M_z(\xi) = \begin{pmatrix} \cos^2 \xi & \sin^2 \xi & 0 & 0 & 0 & \sin 2\xi \\ \sin^2 \xi & \cos^2 \xi & 0 & 0 & 0 & -\sin 2\xi \\ 0 & 0 & 1 & 0 & 0 & 0 \\ 0 & 0 & 0 & \cos \xi & -\sin \xi & 0 \\ 0 & 0 & 0 & \sin \xi & \cos \xi & 0 \\ -\frac{1}{2}\sin 2\xi & \frac{1}{2}\sin 2\xi & 0 & 0 & 0 & \cos 2\xi \end{pmatrix} \quad (2.30)$$

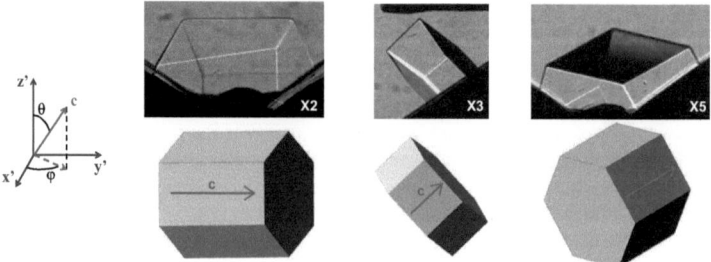

FIGURE 2.41 – L'orientation de l'axe **c** est défini par les angles θ et φ déterminés à partir des images de la croissance facettée. Voici les cas des cristaux X2, X3 et X5. Sur la photo de X2, la ligne de contact entre le cristal et la fenêtre est visible sous la forme d'une ligne blanche inclinée.

2.4. CROISSANCE DES CRISTAUX D'HÉLIUM

Le tenseur élastique dans le repère des transducteurs $x'y'z'$ (Figure 2.41) est donné par :

$$C' = M_z(-\varphi)M_y(-\theta)CM_y^T(-\theta)M_z^T(-\varphi) \tag{2.31}$$

où X^T représente la transposée de la matrice X. Le module de cisaillement qui relie la déformation appliquée à la contrainte de cisaillement mesurée est alors exprimé par :

$$\mu = c'_{44} = \frac{1}{4}(c_{11} - 2c_{13} + c_{33})\sin^2 2\theta \sin^2\varphi$$
$$+ c_{44}(\cos^2\theta\cos^2\varphi + \cos^2\theta\sin^2\varphi) + c_{66}\cos^2\varphi\sin^2\theta \tag{2.32}$$

Nous utilisons ensuite cette équation pour calculer le module de cisaillement mesuré μ en fonction des coefficients c_{ij} pour chacun de nos cristaux comme le montrent les exemples suivants :

$\mu = 0,0001(c_{11} - 2c_{13} + c_{33}) + 0,933c_{44} + 0,067c_{66}$ pour X2 ($\theta = 89,5°$ et $\varphi = 85°$)

$\mu = 0,25(c_{11} - 2c_{13} + c_{33}) + 0,004c_{44} + 0,004c_{66}$ pour X3 ($\theta = 45°$ and $\varphi = 85°$)

$\mu = 0,0001(c_{11} - 2c_{13} + c_{33}) + 0,25c_{44} + 0,56c_{66}$ pour X5 ($\theta = 60°$ and $\varphi = 30°$)

Enfin, nous connaissons les valeurs des coefficients c_{ij} mesurés à 10 MHz par Crepeau et al. à 1,32 K [48] et Greywall à 1,2 K [49]. Nous les rappelons ici ($V_m = 20,97$ cm^3/mol) :

$$c_{11} = (4,05 \pm 0,04) \times 10^7 \text{ Pa}$$
$$c_{12} = (2,13 \pm 0,06) \times 10^7 \text{ Pa}$$
$$c_{13} = (1,05 \pm 0,13) \times 10^7 \text{ Pa}$$
$$c_{33} = (5,54 \pm 0,22) \times 10^7 \text{ Pa}$$
$$c_{44} = (1,24 \pm 0,02) \times 10^7 \text{ Pa}$$

Comme expliqué dans le Chapitre 1.2, les valeurs de ces coefficients correspondent à l'élasticité du réseau, sans contribution des mouvements de dislocations. On peut donc calculer pour chacune des orientations quelles sont les valeurs du module de cisaillement pour une déformation le long de z' dans le cas où les dislocations sont fixes. Nous appellerons cette valeur μ_{rigide}. La Figure 2.42 montre l'évolution de μ_{rigide} en fonction des angles θ et φ définis précédemment.

L'orientation nous permet aussi de calculer la contrainte résolue σ_r, c'est à dire la quantité qui détermine la force agissant sur les dislocations dans leur plan de glissement. Nous la calculons en considérant la déformation dans le repère des transducteurs donnée par :

$$E = \begin{pmatrix} 0 & 0 & 0 & \varepsilon & 0 & 0 \end{pmatrix}^T \tag{2.33}$$

Dans le répere du cristal, cette déformation devient donc :

$$E = M_y(\theta)M_z(\varphi)E' \tag{2.34}$$

La contrainte dans le repère du cristal s'écrira alors :

$$\Sigma = CE \tag{2.35}$$

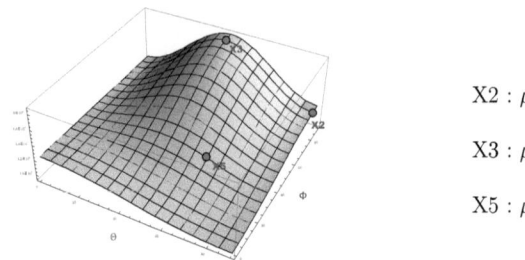

X2 : μ_{rigide}= 122 bars

X3 : μ_{rigide}= 187 bars

X5 : μ_{rigide}= 119 bars

FIGURE 2.42 – Valeur du module de cisaillement μ_{rigide} calculé à partir des mesures de Greywall en fonction des angles θ et φ avec X2, X3 et X5 comme exemples.

Pour des raisons de symétrie de la structure hexagonale, l'amplitude de la résultante de la contrainte de cisaillement appliquée sur le plan de base ($\Sigma_2^4 + \Sigma_5^2$) est invariante par rotation autour de l'axe **c**. On suppose que les vecteurs de Burgers des dislocations sont dirigés de façon homogène sur les plans de base dans les 3 directions possibles. On peut alors choisir par convenance l'orientation particulière dans laquelle l'une de ces trois directions est selon la résultante de la contrainte. Les deux autres sont donc à 60°. Dans ce cas la contrainte résolue moyenne sera :

$$\sigma_r = \frac{c_{44}\varepsilon \sqrt{\cos^2(\theta)\cos^2(\varphi) + \cos^2(2\theta)\sin^2(\varphi)}}{\sqrt{3}} \qquad (2.36)$$

Chapitre 3

Mesures de cisaillement

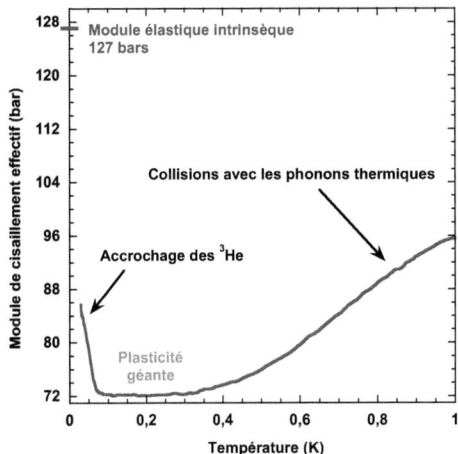

FIGURE 3.1 – Module de cisaillement en fonction de la température mesuré sur le cristal X15a (0,4 ppb d'^{3}He) pour une déformation de 10^{-9} à 9 kHz.

Dans ce chapitre nous présentons les résultats que nous avons obtenus en appliquant un cisaillement sur des cristaux d'^{4}He. Grâce aux cellules décrites dans le chapitre précédent, nous avons mesuré directement le module de cisaillement pour des cristaux de qualités et d'orientations différentes. La Figure 3.1 présente une variation typique du module de cisaillement d'un cristal d'^{4}He en fonction de la température en dessous de 1 K. Ce dernier passe par un minimum profond vers 0,1-0,2 K. Nous verrons qu'il est dû au glissement sans dissipation des dislocations dans cette région de température. Leur mouvement est bloqué à basse température par l'accrochage des impuretés d'^{3}He et à haute température par des collisions avec les phonons thermiques. Nous appelons cette région où le cristal est mou, la région de plasticité géante. On utilise le terme "plasticité" car ce comportement est dû au mouvement libre des dislocations bien que cela soit réversible et "géante" parce que la réduction du module de cisaillement est très grande.

Après une description des études préliminaires nécessaires à la calibration de notre système de mesure, nous décrivons dans ce chapitre trois résultats importants portant sur les mouvements des dislocations et leurs conséquences sur l'évolution des propriétés du cristal. Tout d'abord, dans la région de plasticité géante où les dislocations sont très mobiles, nous montrerons que les dislocations glissent préférentiellement dans les plans de base de la structure hexagonale. Puis nous prouverons dans une seconde partie que la dissipation qui apparaît à plus haute température est bien causée par des collisions avec des phonons thermiques. De plus nous utiliserons ce résultat pour développer une méthode de mesure de la densité et de la longueur libre des dislocations dans le cristal. Enfin dans une dernière partie, nous présenterons les preuves de l'existence d'une vitesse critique pour les dislocations lorsqu'elle sont habillées d'impuretés d'^{3}He. Cela nous conduira à discuter la physique du piégeage et donc le mécanisme de durcissement à basse température.

3.1 Études préliminaires

3.1.1 Mesures dans l'hélium superfluide

3.1.1.1 Détermination du couplage capacitif

La mesure précise du signal dans la cellule pleine d^{4}He liquide (que l'on appellera *background* dans le reste du manuscrit) permet de connaitre la partie du signal due au couplage capacitif entre l'excitation et la détection. Ce couplage provient principalement de l'induction entre les deux fils non blindés dans la cellule et entre les deux électrodes opposées des deux transducteurs (probablement pas de celles qui se font face qui sont reliées à la masse). Le signal mesuré devrait donc être proportionnel à la fréquence de mesure $\omega = 2\pi f$ et à la tension d'excitation V_{drive} du signal d'entrée.

La Figure 3.2(a) montre l'amplitude du signal divisé par la fréquence dans l'hélium liquide à 40 mK entre 1 kHz et 20 kHz. Hormis les quelques résonances du liquide, la variation du signal avec la fréquence est quasi-linéaire. La déviation du régime linéaire que l'on observe est causée par le préamplificateur dont le gain G varie avec la fréquence quand on se rapproche de la fréquence de coupure de ce dernier. Nous avons mesuré par la suite la valeur précise de ce gain en fonction de la fréquence afin de prendre en compte cette déviation. La mesure présentée Figure 3.2(a) nous permet aussi de choisir nos futures fréquences de mesure en évitant les fréquences proches des résonances du liquide ou celles dans le cuivre de la cellule. Le Tableau 3.1 liste l'ensemble des fréquences que nous avons utilisées par la suite.

Nous vérifions aussi que le background est bien proportionnel à l'amplitude du signal d'entrée. On voit sur la Figure 3.2(b), que le régime est bien linéaire en fonction de l'amplitude appliquée au-dessus de 50 mV. Cette déviation en dessous de 50 mV dont l'origine reste inconnue sera prise en compte et corrigée pour les

3.1. ÉTUDES PRÉLIMINAIRES

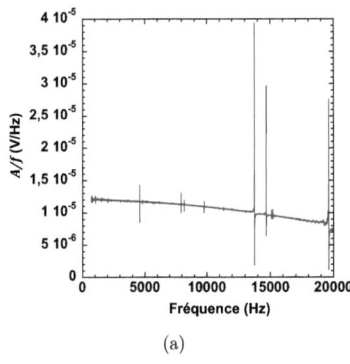
(a)

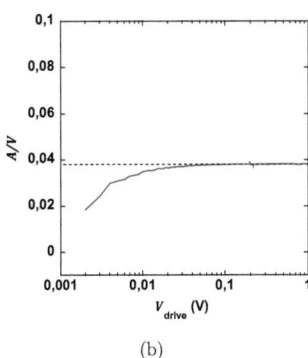
(b)

FIGURE 3.2 – (a) Amplitude du background divisée par la fréquence entre 1 kHz et 20 kHz dans l'^{4}He liquide à $P = 20$ bars et $T = 40$ mK pour une excitation de 70 mV. (b) Amplitude du background divisée par l'excitation à 3 kHz dans l'^{4}He liquide à $P = 20$ bars et $T = 40$ mK pour une excitation entre 1 mV et 1 V.

mesures à basse amplitude. On vérifiera enfin que le signal du background est bien indépendant de la température entre 1 K et 15 mK et de la pression entre 1 et 24 bars.

Grâce à cette étude du background, nous connaissons précisément le signal dû au couplage capacitif que nous pouvons désormais soustraire au signal total. Si X et Y sont les parties réelle et imaginaire du signal alors l'amplitude A et la phase φ du signal dû à l'élasticité du cristal seront données par :

$$A = \sqrt{(X_{\text{total}} - X_{\text{background}})^2 + (Y_{\text{total}} - Y_{\text{background}})^2} \qquad (3.1)$$

$$\varphi = \tan\left(\frac{Y_{\text{total}} - Y_{\text{background}}}{X_{\text{total}} - X_{\text{background}}}\right) \qquad (3.2)$$

Dans la suite, nous soustrairons systématiquement ce background à l'ensemble des signaux mesurés dans le solide pour obtenir le signal dû à l'élasticité du cristal uniquement.

Dénomination	2 Hz	6 Hz	40 Hz	140 Hz	600 Hz
Fréquence	2,1 Hz	5,9 Hz	42,7 Hz	138,9 Hz	593,1 Hz
Dénomination	1,5 kHz	3 kHz	6,5 kHz	9 kHz	16 kHz
Fréquence	1492,4 Hz	3021,8 Hz	6477,3 Hz	9024,7 Hz	16036,7 Hz

TABLE 3.1 – Ensemble des fréquences régulièrement utilisées pour les mesures dans ce chapitre avec leurs dénominations.

3.1.1.2 Détermination du gain des préamplificateurs

Le signal issu de la céramique est amplifié grâce à un préamplificateur de courant. En fonction de la fréquence du signal, nous avons utilisé trois préamplificateurs de la gamme LCA de chez Femto avec des fréquences de coupure à 30 Hz, 200 Hz et 20 kHz. Les gains nominaux fournis par le constructeur sont respectivement de 2×10^{11} V/A, 1×10^{10} V/A et 2×10^{8} V/A mais en réalité, ces gains varient avec la fréquence surtout lorsqu'on se rapproche de la fréquence de coupure. Il était très important de connaître précisément ce gain et sa variation en fréquence, d'autant plus que nous avons pu vérifier que la variation de ce gain dépendait fortement de l'impédance d'entrée de l'amplificateur. La Figure 3.3 montre l'évolution du gain pour le préamplificateur LCA-20k-200M en fonction de l'impédance d'entrée. On remarque que l'ajout d'une capacité ne semble pas modifier le signal de sortie. La découverte et la prise en considération de ce comportement (inconnu du constructeur) a été primordiale pour les mesures notamment celles en fonction de la fréquence. La connaissance précise du gain devint nécessaire à chaque série d'expériences.

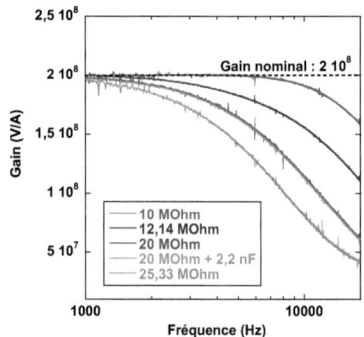

FIGURE 3.3 – Variation du gain du pré-ampli LCA-20k-200M de chez Femto en fonction de la fréquence pour différentes impédances d'entrée. L'ajout d'une capacité de 2,2 nF ne change pas la valeur du gain.

Comme il était difficile de mesurer exactement la valeur de l'impédance d'entrée dans le cas de notre expérience, nous avons décidé de mesurer directement le gain *in-situ* en considérant que le signal du background était bien linéaire en fréquence. Ainsi nous avons mesuré pour les trois préamplificateurs la variation en fréquence et nous avons ajusté ces courbes par des polynômes du second degré comme le montre la Figure 3.4 dans le cas de l'amplitude du gain. Nous faisons la même opération sur la phase de ce gain.

À partir de l'amplitude de ce signal et grâce à la connaissance du gain, nous pouvons remonter à l'intensité du courant généré par le transducteur et nous pensons ainsi avoir éliminé tous les artefacts possibles.

3.1. ÉTUDES PRÉLIMINAIRES

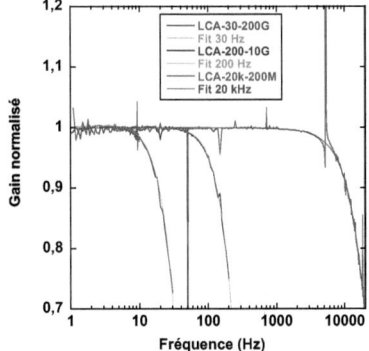

FIGURE 3.4 – Variation du gain normalisé par la valeur nominale des trois préamplificateurs LCA de chez Femto mesurée dans l'hélium liquide à 20 bars pour une excitation de 900 mV.

3.1.2 Étude de la cristallisation

La Figure 3.5 montre l'évolution du signal durant la croissance du cristal X13, c'est à dire la contrainte mesurée lorsque le solide croît entre les céramiques. Comme le background du liquide est déjà soustrait, le signal apparait comme nul tant que le solide n'est pas dans l'interstice. Il augmente dès que le cristal commence à croître entre les céramiques et évolue avec la hauteur du solide dans l'interstice jusqu'à la partie supérieure des céramiques. Notons bien que cette courbe n'évolue pas lorsque le solide croît dans la partie supérieure ou inférieure de la cellule prouvant que seul le solide entre les deux transducteurs compte pour la mesure. De plus, on n'observe aucune singularité vers le milieu de la croissance quand l'interface liquide-solide passe sur les points de soudure reliant les électrodes des céramiques à la masse. Bien que proches sur la projection de la photo, ces points sont en fait situés à l'opposé, l'un devant et l'autre derrière.

Dans cette cellule, qui est la seconde que nous avons utilisée, le signal durant la croissance est bien continu et monotone, mais ce n'était pas le cas dans la première cellule et c'est d'ailleurs la principale raison pour laquelle nous avons dû en changer. Dans la première cellule, la forme typique de la courbe de croissance est celle montrée sur la Figure 3.6. Comme on peut le voir, la courbe change de sens de variation au moment où le cristal commence à croître dans la partie supérieure l'interstice. À cet endroit, les céramiques ne sont pas collées aux blocs supports mais ont leurs deux faces libres. Nous avions choisi cette configuration pour pouvoir avoir un accès facile à l'électrode coté bloc. Cette anomalie de croissance se retrouvait aussi lors de la fonte des cristaux, elle ne variait ni avec l'amplitude ni avec la fréquence. Par contre, elle dépendait de l'orientation du cristal : un cristal dont l'orientation était telle que c_{44} n'intervienne pas dans le cisaillement mesuré n'avait pas d'anomalie pendant la

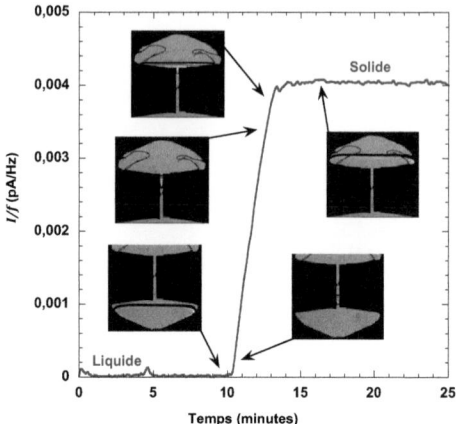

FIGURE 3.5 – Signal de mesure provenant de la contrainte du cristal X13 lors de sa croissance à 20 mK dans la seconde cellule. Dans ce cas, le cristal remplit l'interstice entre les deux céramiques en 3 minutes environ. La mesure est effectuée pour une excitation de 100 mV à 3 kHz. A mi-hauteur, on peut apercevoir les deux points de soudure reliant les électrodes des transducteurs à la masse. Cette courbe montre une variation monotone du signal pendant la croissance sans singularité à mi-croissance.

croissance ; au contraire, un cristal dont le module mesuré dépendait fortement de c_{44} avait une grande anomalie de croissance.

La Figure 3.7(a) montre la même croissance que sur la Figure 3.6 mais sur un graphique XY où la partie imaginaire Y du signal est représentée en fonction de la partie réelle X. Ainsi, on s'aperçoit que l'anomalie dans la croissance est en fait causée par l'apparition d'un signal en phase mais de sens opposé au signal total. Cette signature était systématique sur tous les cristaux que nous avons étudiés. Tant qu'il n'était pas résolu, ce problème ne nous permettait pas une étude précise dans le solide puisque nous ne savions pas si nous mesurions le seul signal issu de la contrainte ou si il y avait un signal additionnel, un artefact. D'autant plus que la variation de cette anomalie en fonction de l'orientation des cristaux rendaient toute comparaison entre cristaux impossible. Puisqu'il semblait évident que ce phénomène se produisait à l'endroit où les céramiques était libres, nous avons reconstruit une nouvelle cellule avec des transducteurs collés à leur support sur toute leur surface. Nous n'observions plus alors d'anomalie. Nous avons pu ainsi étudier de nouveaux cristaux mais aussi interpréter les anciennes mesures en sachant ce qu'il fallait rajouter au signal pour que deux cristaux identiques dans les deux cellules aient le même signal.

Finalement, nous n'avons jamais été certains de l'origine de cette anomalie. La raison la plus probable que cette partie de la céramique qui n'est pas collée au bloc

3.1. ÉTUDES PRÉLIMINAIRES

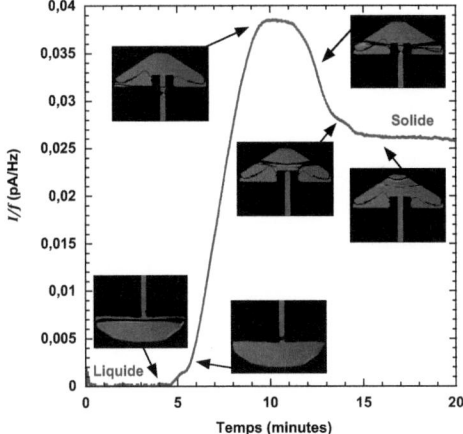

FIGURE 3.6 – Signal provenant de la contrainte du cristal X2 lors de sa croissance à 0,6 K dans la première cellule. L'évolution du signal change de sens lorsque le cristal croît dans la partie supérieure libre des transducteurs. Elle se stabilise dès que l'interface quitte les céramiques.

flambe pendant le cisaillement. Ce flambage que nous avons pu retrouver en simulation numérique comme le montre la Figure 3.7(b) rajoute un signal au background car il détend la surface extérieure de la céramique et comprime la surface intérieure. Nous avons pu vérifier le bon signe de cet effet en appuyant manuellement sur ce bout de céramique. Lorsque du solide entoure cette partie du transducteur, cela rigidifie le milieu environnant et réduit l'amplitude du flambage ce qui supprime une partie du signal du background mesuré dans le liquide. Plus le solide est mou dans la direction du cisaillement, plus il est rigide dans la direction du flambage. Ainsi cela explique pourquoi les cristaux dont le cisaillement vertical fait intervenir fortement c_{44}, c'est-à-dire des cristaux mous dans la direction du cisaillement, avaient une plus grande anomalie car ils bloquaient d'autant le flambage des céramiques.

Bien que nous connaissions maintenant l'intensité du signal issu du transducteur quand un solide remplit la cellule, cela ne nous donne pas encore le module de cisaillement. Comme nous allons le voir, nous avons besoin de connaître le coefficient d_{15} de la céramique pour relier le signal à la valeur absolue du module de cisaillement du cristal.

3.1.3 Calibration des céramiques

En excitant l'un des transducteurs à une amplitude V_{drive}, on produit un déplacement de la céramique et on applique ainsi au le solide une déformation ε selon :

92   CHAPITRE 3. MESURES DE CISAILLEMENT

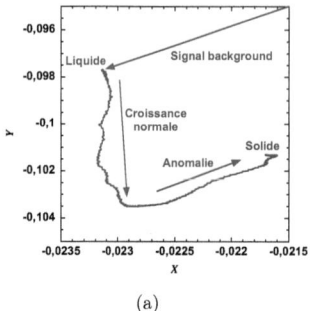 

(a)   (b)

FIGURE 3.7 – (a) Mesure du signal durant la croissance du cristal X2 dans la première cellule : partie imaginaire Y en fonction de la partie réelle X. L'anomalie correspond à l'ajout d'un signal de phase opposée au background. (b) Simulation de la partie haute du transducteur montrant un déplacement supplémentaire orthogonal au cisaillement. [Simulation de Nabil Garroum]

$$\varepsilon = d_{15}V_{\text{drive}}/D \qquad (3.3)$$

où D est l'épaisseur de l'interstice. Le courant généré par le second transducteur piézoélectrique provenant d'une contrainte σ est relié au module de cisaillement par :

$$\sigma = \frac{I}{2\pi f d_{15} A} = \frac{\mu d_{15} V_{excitation}}{D} \qquad (3.4)$$

où A est la surface de l'électrode qui vaut 1,2 cm^2 dans la première cellule et 1 cm^2 dans la seconde. Ainsi, si on connaît la valeur du coefficient d_{15} on peut facilement retrouver le module de cisaillement à partir de l'intensité du courant mesuré.

Comme nous l'avons vu au Chapitre 2.3.3, nous savons que les valeurs des constantes piézoélectriques varient avec la température comme cela a été montré par Zhang et al. [103] et par Day et Beamish via leur expérience [73]. Ces estimations n'étaient toutefois pas suffisamment précises puisque les conditions in situ dans la configuration de la cellule pouvaient modifier cette valeur. De plus une imprécision sur ce coefficient devient très importante dans l'estimation du module de cisaillement μ puisqu'il intervient dans le signal d'entrée et dans le courant de sortie (voir équation 3.4).

Afin de déterminer précisément d_{15} in-situ, nous utilisons un monocristal particulier (X3) dont l'axe **c** est penché de 45° par rapport à la direction du cisaillement. Pour un tel cristal, la réponse au cisaillement dépend principalement des trois coefficients c_{11}, c_{13} et c_{33} avec une contribution négligeable de c_{44} et c_{66} :

$$\mu = 0,004c_{44} + 0,004c_{66} + 0,25(c_{11} + c_{13} - 2c_{33})$$

Les coefficients c_{44} et c_{66} contribuent au cisaillement dans toutes les directions sauf pour cette unique orientation particulière à 45°. Comme nous ne choisissons pas l'orientation de nos cristaux, c'est une chance que nous avons eue d'en obtenir un dans ce cas. Nous avons pu vérifier qu'effectivement, le module de cisaillement mesuré était indépendant de la température pour ce cristal quelle que soit la fréquence et l'amplitude de l'excitation (voir Figure 3.9(a)). De ce fait nous pouvions donc affirmer que le module de cisaillement du cristal était le même que celui mesuré par Crepeau et al. et Greywall [48, 49] à 1,2-1,3 K et à 10 MHz. À une telle température et à une telle fréquence, on s'attend à ce que les dislocations ne suivent pas la déformation appliquée et que les modules élastiques mesurés soient les modules intrinsèques du réseau. Nous avons vérifié cette hypothèse dans la partie 3.3. Nous avons donc utilisé ces valeurs connues de c_{11}, c_{13} et c_{33} pour déterminer la valeur de μ selon la formule (ci-dessus) calculée à partir de l'orientation et pour en déduire la valeur du coefficient piézoélectrique d_{15} d'après :

$$d_{15} = \left(\frac{D}{2\pi\mu A} \frac{I}{fV} \right)^{\frac{1}{2}} \qquad (3.5)$$

Nous avons trouvé $d_{15} = 0,88$ Å/V dans la première cellule et $d_{15} = 0,95$ Å/V dans la seconde cellule. Cette mesure est en très bon accord avec les mesures directes de d_{15} effectuées par la suite et que nous avons détaillées dans le Chapitre 2.3. Celles-ci donnaient une valeur à froid de 0,95 Å/V. L'accord particulièrement bon avec la mesure pour la seconde cellule montre que finalement le collage des céramiques modifie peu les propriétés de la céramique. La différence obtenue avec la première cellule est donc vraisemblablement due au mouvement de la partie libre de la céramique et du signal supplémentaire qu'il induit.

Les valeurs des coefficients élastiques de Crepeau et al. et de Greywall sont données avec certaines barres d'erreur. Cela ne nous permet donc de déterminer d_{15} qu'à 3% près soit ±0,03 Å/V pour une valeur de 0,9 Å/V. Comme d_{15} varie au carré dans l'expression du module de cisaillement, une erreur de 3% donne une erreur de 6% sur ce dernier soit ±9 bars pour 150 bars. Bien que cette erreur soit importante, elle n'est pas très dommageable puisque nous regardons la réduction relative et de plus nous comparons les modules de cisaillement des cristaux à ces mêmes valeurs de Crepeau et al. et Greywall dont l'imprécision est à l'origine de la nôtre.

Après avoir calibré d_{15}, nous avons pu mesurer la valeur absolue du module de cisaillement du solide dans de nombreuses autres directions.

3.2 Étude de l'état mou des cristaux

3.2.1 Une plasticité géante

La Figure 3.1 présente une mesure du module de cisaillement du cristal X15a à 9 kHz pendant un refroidissement. C'est un cristal préparé avec de l'hélium ultrapur (0,4 ppb) à 0,6 K. Son module de cisaillement passe par un minimum aux alentours de 0,2 K. Nous avons confirmé que, à plus basse température, les dislocations sont bloquées par les ^{3}He et par conséquent le cristal durcit [72, 76, 77], puisque les cristaux avec des dislocations fixes sont plus rigides que ceux avec des dislocations mobiles. La température de cette transition dépend de la concentration d'^{3}He, de l'énergie de piégeage des impuretés $E_3 = 0,73$ K [76], et de la vitesse des dislocations comme nous le verrons plus en détail dans la partie 3.4. Au-dessus de 0,3 K, nous verrons dans la partie 3.3 que le module de cisaillement augmente car les dislocations entrent en collision avec des phonons thermiques [110, 111]. Le cristal d'^{4}He présente donc un module de cisaillement anormal dans cette petite région de température comprise entre l'accrochage par les impuretés et les collisions avec les phonons thermiques. Nous appelons ce phénomène *la plasticité géante* parce qu'il est causé par un mouvement des dislocations de grande amplitude bien qu'il soit réversible. Nous n'utilisons pas ici le terme de plasticité comme définissant une déformation irréversible. Notons en effet, que les mesures sont réalisées à des fréquences de l'ordre du kHz et les résultats ne dépendent ni du temps écoulé ni du signe de la contrainte.

3.2.2 Dépendance en amplitude et en pureté

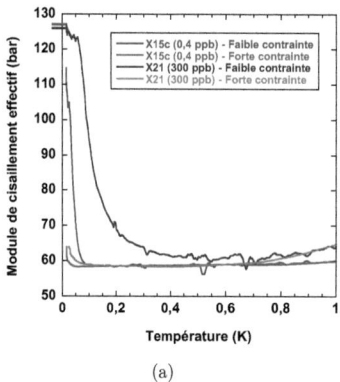
(a)

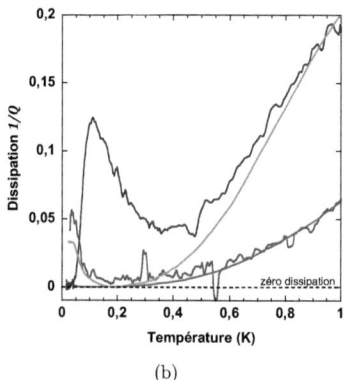
(b)

FIGURE 3.8 – Comparaison de deux cristaux de "type 2" : X15c de pureté 0,4 ppb et X21 de pureté 300 ppb à des déformations de 10^{-7} et 10^{-9}. Sur le graphique (a), deux barres sur l'axe des ordonnées indiquent la valeur du module de cisaillement prédite dans le cas de dislocations immobiles. Le graphique (b) montre que la dissipation est quasi-nulle dans la région de plasticité de X15c comme c'est le cas pour X21 à basse température. Le piégeage des dislocations par les impuretés ^{3}He dépend à la fois de la concentration en ^{3}He et de l'amplitude si on dépasse la contrainte seuil au-delà de laquelle les dislocations ne s'attachent pas aux ^{3}He (voir partie 3.2.4).

Dans un premier temps, nous avons vérifié que nos mesures étaient bien en accord avec les modèles actuels et que nous retrouvions bien les résultats de Beamish *et al.* [72, 112] dans notre expérience. On compare sur la Figure 3.8(a) deux cristaux de "type 2" de pureté différentes : X15c (0,4 ppb) et X21 (300 ppb) pour deux contraintes différentes. À forte déformation (10^{-7}), la température à laquelle les impuretés d'^{3}He s'attachent aux dislocations est plus basse ce qui augmente le domaine de plasticité géante. Comme c'était attendu [72, 76, 77], l'effet des ^{3}He apparaît à plus basse température lorsque la concentration en impuretés est réduite. Sur la Figure 3.8(b) on peut voir la dissipation correspondant aux mesures de la Figure 3.8(a). Dans la région de plasticité géante du cristal X15c, nous mesurons la même dissipation quasi-nulle que celle de X21 à basse température lorsque tous les mouvements des dislocations sont interdits à cause des ^{3}He prouvant ainsi que les dislocations oscillent sans dissipation dans le cristal dans cette région de température. Le pic de dissipation correspondant à l'accrochage des ^{3}He est plus faible dans le cas d'un cristal ultrapur comme X15c et il est rejeté en dessous de notre limite de température pour de fortes déformations de l'ordre de $\varepsilon = 10^{-7}$ qui dépassent le seuil de déformation critique pour l'accrochage des ^{3}He ($\sim 3 \times 10^{-8}$ [72, 112]). Au-delà de 0,3 K, la dissipation est indépendante de l'amplitude de l'excitation et augmente avec la température en accord avec un mécanisme de dissipation par collision avec des phonons thermiques [110, 111] que nous décrirons dans la partie 3.3.

3.2.3 Comparaison de différents cristaux de "type 2"

En étudiant la variation du module de cisaillement dans la région de plasticité géante pour différents cristaux préparés dans les mêmes conditions mais de différentes orientations, nous avons pu identifier précisément l'origine de cette plasticité. Pour cela nous avons utilisé 7 cristaux de "type 2" tous de pureté naturelle (300 ppb) à l'exception de X15c. Les orientations et les modules de cisaillement effectifs sont donnés dans le Tableau 3.2. Nous les comparons aussi à un polycristal préparé à une pression initiale de 61 bars pour une pression finale de 30 bars. La Figure 3.9(a) montre l'évolution des modules de cisaillement effectifs de ces cristaux entre 20 mK et 1 K. Comme on peut le voir, à l'exception du cristal ultrapur X15c dont la transition est a plus basse température, la réduction du module de cisaillement

Nom	(θ ; φ)	Module de cisaillement effectif μ_{eff} (bar)	μ_{rigide} (bar)
X2	(89,5° ; 75°)	$0,93c_{44} + 0,07c_{66}$	122
X3	(45° ; 85°)	$0,004c_{44} + 0,004c_{66} + 0,25(c_{11} + c_{33} - 2c_{13})$	186
X5	(60° ; 30°)	$0,25c_{44} + 0,56c_{66} + 0,05(c_{11} + c_{33} - 2c_{13})$	119
X6	(89° ; 65°)	$0,82c_{44} + 0,18c_{66}$	119
X15	(6.3° ; 90°)	$0,95c_{44} + 0,012(c_{11} + c_{33} - 2c_{13})$	127
X20	(42° ; 70°)	$0,074c_{44} + 0,052c_{66} + 0,22(c_{11} + c_{33} - 2c_{13})$	177
X21	(5° ; 90°)	$0,97c_{44} + 0,008(c_{11} + c_{33} - 2c_{13})$	126

TABLE 3.2 – Cristaux utilisés pour cette étude avec leurs orientations, l'expression du module de cisaillement effectif pour une déformation verticale et le calcul de l'état rigide utilisant les valeurs de Crepeau *et al.* et Greywall [48, 49].

apparaît à la même température pour tous les échantillons mais est très anisotrope. Selon les orientations des cristaux, on peut observer une grande réduction comme pour X2 ou X6, une réduction moyenne comme pour X5 ou le polycristal ou encore pas de réduction du tout comme pour X3.

Le cristal X3 est orienté avec l'axe **c** à 45° de la verticale. Son module de cisaillement ne dépend donc ni de c_{44} ni de c_{66} mais seulement de $(c_{11}\text{-}2c_{13}+c_{33})$ et il ne montre aucune variation avec la température (voir Figure 3.9(a)). Or comme il est très peu probable que les coefficients c_{11}, c_{13} et c_{33} varient avec la température de telle sorte que $(c_{11}\text{-}2c_{13}+c_{33})$ reste constant, nous concluons que les coefficients c_{11}, c_{13} et c_{33} ne varient pas avec la température. L'invariance du cristal X3 en fonction la température mais aussi en fonction de la fréquence et de l'amplitude nous a permis de calibrer les céramiques comme nous l'avons déjà expliqué dans la partie 3.1.3.

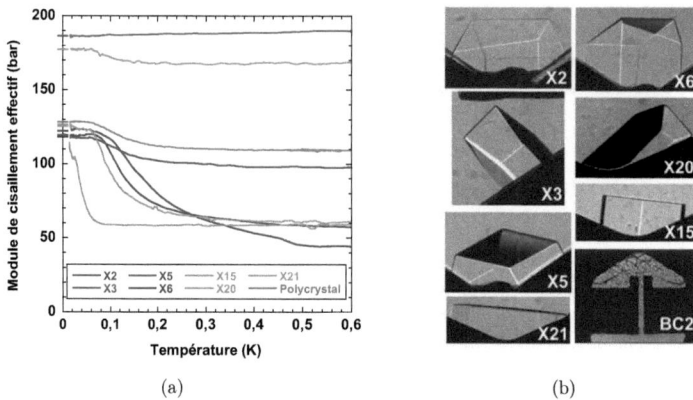

(a) (b)

FIGURE 3.9 – Mesures du module de cisaillement effectif (a) pour différents cristaux dont les croissances facettées sont montrées en (b). Les barres de couleur sur l'axe des ordonnées indiquent les modules de cisaillement prédits pour chacun de ces cristaux dans le cas rigide, i.e. avec des dislocations immobiles. Ces valeurs sont en parfait accord avec la valeur mesurée à basse température.

Grâce à cette calibration, nous traduisons le courant reçu en une valeur absolue du module de cisaillement que nous mesurons. On peut donc comparer nos mesures avec les modules de cisaillement rigides calculés pour chaque orientation en utilisant les coefficients élastiques mesurés par Crepeau [48] et Greywall [49] (voir Tableau 3.2 et les barres sur l'axe de gauche de la Figure 3.9(a)). Ces valeurs correspondent parfaitement pour chaque cristal au module de cisaillement mesuré à basse température en fin de durcissement. Cela signifie que la rigidité du cristal à basse température quand les dislocations sont bloquées par les impuretés d'^{3}He est exactement la même qu'à haute température et haute fréquence quand le mouvement des dislocations est totalement freiné par les phonons thermiques. Seul le cristal ultrapur X15 n'atteint

3.2. ÉTUDE DE L'ÉTAT MOU DES CRISTAUX

pas son état rigide à basse température. Sa transition n'est pas terminée même à 15 mK à cause de sa concentration en impureté plus faible. Pour le polycristal BC2 formé à 30 bars, nous avons calculé son module de cisaillement rigide grâce à la méthode de moyennage développée par Humphrey Maris [113] dans la cas d'un polycristal en 3 dimensions. De nouveau cette valeur est en très bon accord avec la mesure du module de cisaillement à basse température ce qui valide d'ailleurs la méthode de moyenne de Maris.

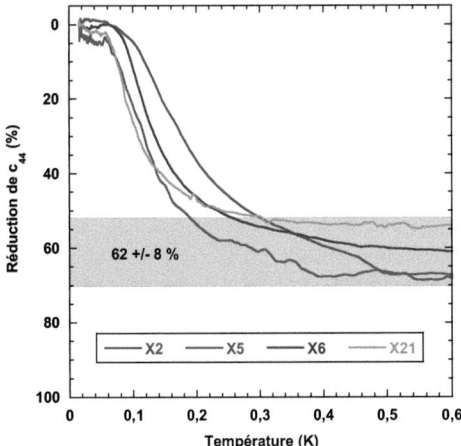

FIGURE 3.10 – En supposant que les dislocations ne glissent que dans les plans de base, autrement dit que seul c_{44} varie, on trouve la même réduction de c_{44} de 62±8% dans les 4 cristaux X2, X5, X6 et X21 dont les orientations sont différentes mais qui ont tous été préparé dans les mêmes conditions.

Tous les cristaux à l'exception de X3 ont une variation de leur module de cisaillement plus ou moins grande qui pourrait être due à une réduction de c_{44} et/ou de c_{66}. En effet, les cristaux hexagonaux ont généralement une direction préférentielle pour le glissement des dislocations qui peut être soit le plan de base (0001) soit le plan prismatique (10$\bar{1}$0), parfois une direction pyramidale intermédiaire. Le module de cisaillement du cristal X21 ne dépend quasiment pas de c_{66} mais très largement de c_{44} et il montre une grande variation avec la température. On suppose donc que c_{66} reste constant et on calcule quelle devrait être la réduction de c_{44} nécessaire pour expliquer la variation du module de cisaillement des autres cristaux. Comme les cristaux X2, X5, X6, X20 et X21 sont tous des cristaux de "type 2" obtenus dans les mêmes conditions, on s'attend à une réduction de c_{44} similaire pour chacun d'eux. La Figure 3.10 montre que cette hypothèse mène bien à une réduction reproductible de c_{44} (62±8%) pour tous ces cristaux de "type 2" bien que le module de cisaillement de X2 dépende principalement de c_{44} alors que par exemple celui de

X5 dépend principalement de c_{66}. X20 n'apparait pas sur la Figure 3.10 pour des raisons de présentation puisque sa variation en c_{44} est si faible que la normalisation sur cette variable rend le bruit de la mesure trop important.

Dans le cas contraire, si on supposait que c_{44} était constant et que c_{66} variait, on obtiendrait des réductions absurdes de c_{66} de 60% pour X5 à 300% pour X6 et même 1000% pour X2 soit des valeurs négatives de c_{66}, ce qui n'a aucun sens, sans mentionner X21... La direction préférentielle pour le glissement des dislocations dans l'^{4}He solide est bien parallèle aux plans de base. Autrement dit, seul c_{44} varie avec la température ce qui explique la grande anisotropie observée sur la Figure 3.9(a).

3.2.4 Cycles en amplitude d'excitation

Nous avons mesuré aussi la dépendance en amplitude à température constante. Pour cela nous avons refroidi les cristaux tout en maintenant une forte excitation ($\varepsilon \sim 10^{-7}$) à 3 kHz puis à basse température ($\sim$ 20 mK) nous avons diminué l'amplitude de la déformation de 10^{-7} à 10^{-10} avant de l'augmenter à nouveau jusqu'à 10^{-7}. Cette méthode était déjà celle utilisée par Day et al. [74]. Les mesures que nous obtenons pour différents cristaux sont bien en accord avec les travaux précédents [74] et avec le modèle d'accrochage par des ^{3}He à basse température. La Figure 3.11 montre la réduction de la constante c_{44} en fonction de la contrainte dite "résolue" pour 4 cristaux d'orientations différentes à 20 mK.

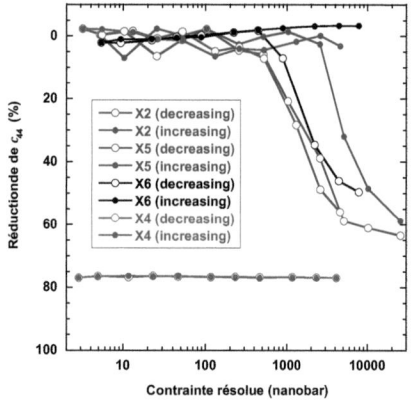

FIGURE 3.11 – Réduction du coefficient c_{44} pour 4 cristaux d'orientations différentes à 20 mK en fonction de la contrainte résolue (fraction de la contrainte qui exerce une force sur la dislocation mobile dans le plan de base). Au-delà d'un seuil de contrainte d'environ 1 μbar, les dislocations se détachent des impuretés d'^{3}He. Ce seuil est hystérétique, il est plus grand quand on augmente la contrainte que quand on la diminue. Le cristal X4, de "type 1" ne contient aucune impureté et montre une réduction de près de 80%, indépendante de la contrainte.

3.2. ÉTUDE DE L'ÉTAT MOU DES CRISTAUX

En projetant la contrainte appliquée sur le plan de base uniquement, on détermine la contrainte résolue qui est donc la quantité qui donne la force appliquée sur les dislocations mobiles dans le plan de base (voir Chapitre 2.4). La Figure 3.11 permet d'observer non seulement une variation reproductible du module de cisaillement de l'ordre de 60% mais aussi un seuil d'accrochage similaire pour les 3 cristaux de "type 2". Au-dessous de 1 μbar, le seuil de contrainte pour l'accrochage des impuretés d'^{3}He [72,112], le module de cisaillement retrouve sa valeur rigide. Ce seuil n'est pas exactement le même pour les différents cristaux sans doute parce qu'ils n'ont pas la même longueur de dislocations L_N (voir partie 3.3). De plus, ce cycle en contrainte est hystérétique car la force appliquée sur les dislocations dépend de leur longueur libre et donc de la longueur L_i entre deux impuretés. Ainsi quand les impuretés s'accrochent à la dislocation, quand on réduit la contrainte, les dislocations sont de longueur L_N alors que quand on les décroche en augmentant la contrainte, elles sont de longueur L_i plus petite.

La Figure 3.11 montre aussi les mesures effectuées sur le cristal X4, un cristal de "type 1" lui aussi refroidi sous forte déformation ($\sim 10^{-7}$) à 3 kHz. Les cristaux de "type 1" sont en équilibre avec le liquide dans la cellule. L'agitation des dislocations à forte contrainte alternative rejette toutes les impuretés d'^{3}He qui sont rapidement piégées par le liquide. Les dislocations sont alors libres de se déplacer, apparemment comme des lignes libres, sans effet du potentiel de Peierls du réseau. Nous y reviendrons plus loin. On observe une réduction de c_{44} de l'ordre de 80% même à 20 mK. Cette valeur est stable dans le temps car les ^{3}He restent piégés dans le liquide à cette température indiquant bien que les impuretés d'^{3}He sont à l'origine du phénomène de durcissement. Elle est aussi indépendante de la déformation appliquée jusqu'à 10^{-10}. En supposant que les dislocations ne glissaient que dans les plans de base, Rojas et al. [77] avaient trouvé une réduction de près de 86% dans des cristaux de "type 1" mais qui étaient probablement de meilleure qualité car leurs vitesses de croissance étaient inférieures (voir Chapitre 2.4). Nous démontrons donc ici que cette hypothèse était correcte et que la plasticité peut être très grande dans la direction correspondant à un glissement dans les plans de base.

3.2.5 Discussion

3.2.5.1 Sur l'amplitude de la réduction

Nous avons démontré que la plasticité des cristaux d'^{4}He était réversible et anisotrope car les dislocations glissent sans dissipation dans les plans de base. Si elles sont arrangées dans un réseau de Frank simple, les dislocations ne peuvent contribuer qu'à une réduction maximum de 5% de c_{44} [1] (voir Chapitre 1.1). Cela implique donc que dans notre cas, elles doivent être alignées en joints de grain faibles [55] et par conséquent elles "coopèrent" à une réduction de c_{44} bien plus importante comme cela avait été déjà proposé par Rojas et al. [77]. Si on considère une densité de dislocations typique de l'ordre de $\Lambda = 10^{-4}$ cm^{-2}, on peut alors estimer l'amplitude de leur mouvement. Pour une déformation de $\varepsilon = 3 \times 10^{-8}$ à 10 kHz, on trouve que les dislocations se déplacent d'une distance $d \approx \varepsilon / \Lambda b$ de l'ordre de 1 μm, soit une vitesse de 6 cm/s. Cela équivaut à près de 200 millions de vecteurs de Burgers à la seconde ($b \sim 3{,}7$ Å), un effet géant, à notre connaissance sans équivalence dans les cristaux classiques.

Un question importante est de savoir si les dislocations se déplacent par effet tunnel ou par activation thermique au-dessus de faibles barrières de Peierls. Le mouvement réversible et sans dissipation ni dépendance en contrainte des dislocations semble suggérer un effet tunnel. Toutefois, en particulier pour l'hélium-4, il faut aussi considérer que les vibrations de point zéro participent au mécanisme de glissement comme cela a été proposé et calculé numériquement par Proville *et al.* pour le glissement d'une dislocation vis dans un cristal classique [114]. L'énergie de kink E_k étant inversement proportionnelle à sa largeur, les fluctuations quantiques réduisent probablement l'énergie des kinks en augmentant leur largeur, ce qui facilite l'activation thermique. L'énergie de kink est déjà très faible dans les métaux classiques. Vegge *et al.* [115] calcule une hauteur de barrière à franchir pour la migration d'un kink de l'ordre 2 mK dans le cuivre. On peut alors supposer que dans un cristal quantique, les kinks soit très étendus et donc d'énergie encore plus faible. Si $k_B T > E_k$, les lignes de dislocations sont envahies de kinks et ne sentent pas l'influence du réseau cristallin comme c'est le cas pour les marches à la surface de cristaux [116–118] dont la dynamique est aussi linéaire et non dissipative dans la limite des basses températures. Un calcul de l'énergie de kink E_k dans le cas de l'^{4}He solide pourrait indiquer si ce mouvement est quantique ou classique. Le prouver expérimentalement nous paraît difficile.

Cette étude a permis de démontrer un autre résultat important, dans le contexte de la supersolidité de l'^{4}He. Parmi les théories expliquant l'existence de l'état supersolide dans le cas de l'^{4}He, l'une d'elle est fournie par Anderson [119]. Dans son modèle, l'état fondamental du cristal quantique est supersolide. Alors, la présence d'un grand nombre de tourbillons quantiques qui interagissent avec le réseau augmente la rigidité du cristal qui serait par conséquent plus rigide dans l'état supersolide que dans l'état normal. Nous avons montré que l'état d'un cristal de pureté naturelle à basse température a la même rigidité que l'état normal à haute température parce que dans les deux limites, les dislocations ne contribuent pas au module de cisaillement. Ce résultat est contraire à la prédiction d'Anderson.

3.2.5.2 Sur la direction du glissement

Nous avons montré que dans les cristaux d'^{4}He, de structure hexagonale compacte, les dislocations glissent parallèlement aux plans de base. Si ce résultat semble attendu, ce n'est pourtant pas le cas dans de nombreux cristaux hexagonaux. On trouve en effet des directions préférentielles selon le plan de base (0001) (Cd, Be, Mg, Zn, Co...), mais aussi selon les plans prismatiques de type ($10\bar{1}0$) (Ru, Hf, Zr, Ti, Re...) ou même pyramidaux [120]. On a longtemps pensé que ce comportement pouvait s'expliquer simplement en regardant le rapport des distances interplanaires c/a. Au-dessus de $c/a = 1{,}6$, le plan de glissement préférentiel serait le plan de base et en dessous, ce serait le plan prismatique. Pourtant cela n'explique pas le comportement du béryllium, par exemple, où le glissement est facile dans le plan de base bien que son rapport c/a vaille 1,568. Bernard Legrand a proposé de considérer le rapport appelé désormais *critère de Legrand* qui fait intervenir les énergies

3.2. ÉTUDE DE L'ÉTAT MOU DES CRISTAUX

de défauts d'empilement prismatique γ_{prism} et basal γ_{basal} ainsi que les constantes élastiques c_{44} et c_{66} [121] :

$$R = \frac{\gamma_{\text{basal}}/c_{44}}{\gamma_{\text{prism}}/c_{66}} \quad (3.6)$$

Si $R < 1$, le plan de glissement préférentiel est le plan de base, si $R > 1$, c'est le plan prismatique. Ce critère phénoménologique n'a pour le moment jamais été mis en défaut. On peut faire une rapide approximation dans le cas de l'^{4}He solide en tant qu'ensemble de sphères dures puisque les atomes sont neutres et que le rapport des distances interplanaires ($c/a = \sqrt{8/3} = 1,633$) quasi-égal à celui de la structure compacte parfaite confirme cela. Par conséquent, pour un défaut d'empilement basal, seule l'interaction avec les troisièmes voisins est perturbée, or les interactions dans l'^{4}He solide sont de type Van der Waals donc l'énergie d'un tel défaut doit être très faible. Au contraire son énergie de défaut d'empilement prismatique n'est pas négligeable car elle modifie la position des premiers voisins. Ainsi, vu que c_{44} et c_{66} sont du même ordre de grandeur dans l'^{4}He, R sera très inférieur à l'unité. Ce critère prédit donc bien un glissement préférentiel dans le plan de base.

3.2.5.3 Sur les dislocations partielles

Si le critère de Legrand fait intervenir les énergies de défauts d'empilement c'est qu'il considère la faculté d'une dislocation parfaite à se dissocier en deux dislocations partielles comme nous l'avons introduit dans le Chapitre 1.1. Comme deux dislocations partielles ont des vecteurs de Burgers plus petits qu'une dislocation parfaite, cela facilite le glissement dans le plan dans lequel est apparue cette dissociation. De plus la dissociation est d'autant plus facile que l'énergie de défaut d'empilement qui lui est associée est faible et la distance entre deux dislocations partielles est inversement proportionnelle à l'énergie du défaut d'empilement. Dans le cas de l'^{4}He solide, nous savons que le plan de glissement préférentiel est le plan de base. Considérons donc l'énergie du défaut I_2 dans le plan de base.

Une méthode pour estimer la valeur de cette énergie consiste à considérer qu'un défaut I_2 introduit deux erreurs dans l'empilement des plans. C'est équivalent à introduire une couche d'une structure cubique face centrée (cfc) dans la structure hc d'épaisseur c. Ainsi, l'énergie du défaut peut être reliée la différence d'énergie entre les deux structures. L'^{4}He existe dans une structure cfc à haute température et haute pression et la différence d'énergie entre la structure hc et la structure cfc de l'hélium a été mesurée par Frank et Daniels [122]. Au point triple (15 K, 1127 bars), elle vaut $\Delta U = 2,3 \times 10^4$ J/m^3. Ainsi l'énergie de la faute I_2 a été calculée par John Beamish (communication privée) :

$$\gamma_{I_2} = c\Delta U \approx 1,2 \times 10^{-2} \text{ mJ/m}^2 \quad \text{à 1 kbar}$$

À basse pression, les modules élastiques de l'^{4}He sont 20 fois plus faibles qu'au kilobar, on peut donc estimer que γ_{I_2} est de l'ordre de 10^{-3} mJ/m^2 à $P = 30$ bars. Nous pouvons comparer cette valeur à la mesure de Junes *et al.* qui ont utilisé une méthode d'interférométrie optique pour visualiser des défauts et calculer leur énergie dans l'^{4}He solide [123]. Ils mesurent en fait la profondeur du sillon produit par l'émergence du défaut à l'interface liquide-solide et ils trouvent ainsi des énergies de $0,07 \pm 0,02$ mJ/m^2, une valeur très supérieure à celle estimée par la méthode précédente. D'autre part, Söyler *et al.* trouvent une énergie inférieure à 10^{-2} mJ/m^2 à partir de simulations *ab initio* [124]. Enfin, nous avons essayé de calculer cette énergie à partir des photos de joints de grains prises par Sasaki *et al.* en 2007 [125]. Parmi les défaut étudiés, beaucoup étaient clairement des joints de grains entre cristaux désorientés, mais d'autres possédaient des énergies bien plus faibles comme on peut le voir sur la Figure 3.12. Il pourrait s'agir de défauts d'empilement apparaissant à la surface du cristal puisque les deux cristaux avaient la même orientation en croissance, il est donc intéressant d'estimer les énergies liées à ces courbures. À partir de ces images, on extrait des énergies de 0,06 mJ/m^2 pour la photo 3.12(a) et $2,5 \times 10^{-2}$ mJ/m^2 pour la photo 3.12(a). Toutefois, il est important de garder à l'esprit que ces valeurs restent très approximatives tant sur la méthode de calcul qui utilise une version simplifiée de l'équation complète [125] que sur la nature même des crevasses apparaissant sur ces clichés.

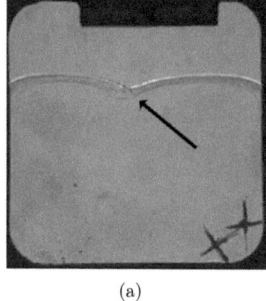
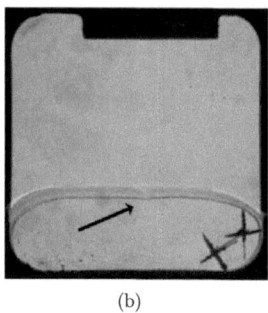

(a) (b)

FIGURE 3.12 – Photos de deux cristaux d'^{4}He en équilibre avec le liquide. On aperçoit à la surface deux sillons qui ne sont pas causées par un joint de grain car il n'y a pas de fente liquide et qui pourraient être des défaut d'empilement dans le cristal.

La grande disparité observée dans le calcul ou la mesure de ces énergies de défauts d'empilement provient des incertitudes de la mesure d'une part mais peut aussi provenir du fait qu'il existe trois types de fautes d'empilements comme nous l'avons vu dans le Chapitre 1.1. Ces trois énergies suivent généralement les règles suivantes : $\gamma_{I_2} = 2\gamma_{I_1}$ et $\gamma_E = 3\gamma_{I_1}$. Il se pourrait donc que chaque groupe ait mesuré un défaut différent. Dans tous les cas, l'énergie du défaut basal dans le cas de l'^{4}He solide est très inférieure à l'énergie de surface liquide-solide $\gamma_{\text{SL}} \approx 0,2$ mJ/m^2. La conséquence directe de cette faible énergie de défaut sera la taille du défaut d'empilement, soit la distance entre deux dislocations partielles.

Dans le Chapitre 1.1, nous avons vu que dans le cas d'une structure hexagonale, la distance D entre deux dislocations partielles pouvait s'écrire :

$$D = \frac{\mu a^2}{12\pi \gamma_{I_2}} \tag{3.7}$$

Dans le cas de l'^{4}He solide ($a \sim 3,7$ Å et $\mu \sim 120$ bars), si on choisit $\gamma_{I_2} \approx 10^{-2}$ mJ/m^2, on trouve une distance entre deux dislocations partielles de l'ordre de 44 nm soit près de 120a. Par comparaison cette distance vaut autour de 1 nm, soit environ $3a$ dans le cas de l'aluminium. Dans les cristaux d'^{4}He, les dislocations partielles sont donc totalement dissociées ce qui n'est pas le cas dans les métaux où les deux dislocations partielles restent très proches. On comprend bien pourquoi le glissement dans le plan de base est plus facile dans l'^{4}He solide.

L'étude de l'état mou des cristaux nous a permis d'en apprendre beaucoup sur le mouvements des dislocations dans l'hélium-4 solide. Nous allons voir maintenant que l'étude à plus haute température nous a permis de mesurer leur densité et leur longueur libre L_N.

3.3 Collisions avec des phonons thermiques

3.3.1 La connaissance du réseau de dislocations

Qu'il s'agisse de supersolidité supposée ou d'anomalie élastique des cristaux d'^{4}He, les dislocations sont au cœur du problème. Comme nous venons de le voir, leur glissement quasi-libre parallèlement aux plans de base explique la grande réduction du module de cisaillement du cristal aux alentours de 0,2 K. Des simulations de Monte Carlo [126] ont montré que les dislocations pourraient avoir un cœur superfluide ce qui fournirait une explication possible au mécanisme de la supersolidité [127] ou permettre de nouveaux comportements tels que celui du *superclimb* [124]. Les expériences d'écoulement du groupe de Hallock pourraient être interprétées comme l'existence d'un liquide quantique cohérent de "Luttinger" dans les cœurs des dislocations [89,128]. Les phénomènes observés dépendent de la densité de dislocations Λ et de la connectivité du réseau. Comme nous l'avons vu au Chapitre 1.1, le produit ΛL^2 où L est la longueur libre des dislocations, est un facteur géométrique caractérisant la connectivité du réseau de dislocations. Dans un réseau de Frank cubique, $\Lambda L^2 = 3$, indépendamment de la densité de dislocations. Plus ΛL^2 est faible, plus le réseau est interconnecté. À l'inverse, de grands ΛL^2 indiquent que les dislocations sont alignées de telle sorte qu'elles évitent de se croiser [10].

Malgré l'importance de ce facteur pour expliquer les propriétés élastiques de l'hélium, les estimations de Λ variaient de près de 6 ordres de grandeur selon les auteurs avant nos mesures. Cette dispersion des résultats peut s'expliquer en partie par les différences de croissance des cristaux, mais même pour des monocristaux préparés dans les mêmes conditions, les valeurs de Λ variaient entre 6×10^9 cm^{-2} [129] et 3×10^5 cm^{-2} [110]. Des densités encore plus faibles de 700 cm^{-2} ont été trouvées dans des cristaux crûs à partir du superfluide [130]. Les tomographies aux rayons-X de Iwasa *et al.* [55] ont montré des joints de grains faibles dans des cristaux d'^{4}He, mais personne n'a encore pu observer des dislocations individuellement, si bien que

Λ et L n'ont pu être déterminées avec précision. L'analyse la plus précise applique le modèle de Granato et Lücke [19] à des mesures ultrasoniques de vitesses du son dans des cristaux préparés à partir du fluide normal [110]. En considérant les dislocations comme des cordes vibrantes avec un facteur d'amortissement et excitées par une contrainte oscillante à plusieurs MHz, Iwasa et al. ont trouvé $\Lambda \approx 10^6$ cm^{-2} et $L \approx 5\mu$m. Les valeurs du facteur ΛL^2 correspondantes variaient entre 0,1 et 0,2 avec toutefois une grande marge d'erreur due entre autres, à l'incertitude sur l'orientation des cristaux.

À basse fréquence, l'effet des dislocations est assez simple car l'inertie et l'amortissement peuvent être négligés. Dans un tel régime, la réduction du module de cisaillement est proportionnelle au facteur ΛL^2 mais ne dépend pas de Λ ou L séparément. Un cristal avec quelques longues dislocations peut être plus mou qu'un cristal avec beaucoup de dislocations courtes. Il faut bien comprendre que c'est l'ensemble du grillage des dislocations qui se déplace et se tord et non pas chaque arc de dislocation individuellement. Les valeurs de ΛL^2 extraites à partir de mesures à basse fréquence sont généralement plus élevées que celles trouvées à partir des mesures ultrasoniques. En mesurant le module de cisaillement d'un oscillateur de torsion à 331 Hz [131], Paalanen et al. avaient estimé $\Lambda L^2 \approx 2$ et des mesures plus récentes dans la gamme du kiloHertz [72, 73] avaient donné des valeurs similaires.

Bien que la densité de dislocations Λ ne puisse être déterminée à partir du module de cisaillement seul, la dissipation $1/Q$ fournit une information supplémentaire sur les dislocations. Une dislocation en mouvement est soumise à une force d'amortissement proportionnelle à sa vitesse v. Ainsi, les dislocations plus longues se déplacent plus vite et dissipent plus. En mesurant le module de cisaillement et la dissipation, on peut déterminer séparément Λ et L si on connait l'expression du facteur d'amortissement B.

3.3.2 Mesures à forte déformation

La Figure 3.8 montre l'évolution du module de cisaillement et de la dissipation à 3 kHz pour le cristal de "type 2", X21. Pour une forte déformation ($\varepsilon \sim 10^{-7}$), les effets des impuretés d'^{3}He sont presque supprimés puisque l'amplitude de la déformation appliquée est telle que les impuretés ne s'attachent pas aux dislocations. Ainsi, le module de cisaillement est faible et quasi-constant entre 0,1 K et 0,6 K. Au-dessus de 0,6 K, l'effet des impuretés d'^{3}He a disparu. Tant le module de cisaillement que la dissipation sont indépendants de l'amplitude de la déformation appliquée. La dissipation $1/Q$ obtenue en mesurant le déphasage entre l'excitation et la réponse, donne l'amortissement du mouvement des dislocations. Il peut être attribué à l'interaction des phonons soit avec le champ de contraintes statique des dislocations ("anharmonicity"), qui prévoit un coefficient d'amortissement B proportionnel à T^5, soit à des collisions avec les dislocations mobiles ("fluttering"), qui donne une variation en T^3. Jusqu'alors, une dépendance de l'amortissement $B \propto T^n$ avait été proposée avec différentes valeurs de n selon les expériences. Les mesures ultrasonores donnaient des valeurs de n comprises entre 1,5 et 3 [110, 132]. Si ces valeurs étaient très incertaines, la valeur de B dans ces mesures étaient toutefois assez proche de celle attendue dans le cas du fluttering. Les études de dissipation à 10 kHz et 78 kHz [133] donnaient des valeurs de n respectivement comprises entre 2,1 et 2,8 et entre 1,1 et 1,7. Enfin, les mesures d'oscillateur de torsion à 331 Hz par Paalanen et al. [131] indiquaient $B \propto T^2$ plutôt que la dépendance en T^3 attendue.

3.3.3 Un modèle pour l'amortissement des dislocations

Afin de comprendre cette dépendance en T^3 de l'amortissement et donc de la dissipation, reprenons le modèle de Granato et Lücke [19] tel que nous l'avons introduit au Chapitre 1.1. Soit une dislocation de masse effective A, d'amortissement B, de tension linéaire C et de vecteur de Burgers **b**. L'équation de son déplacement ξ quand elle est soumise à une contrainte σ est :

$$A\frac{\partial^2 \xi}{\partial t^2} + B\frac{\partial \xi}{\partial t} + C\frac{\partial^2 \xi}{\partial y^2} = b\sigma(t) \tag{3.8}$$

Les condition aux bords sont $\xi(0) = \xi(L) = 0$. Nos mesures sont réalisées à des fréquences de l'ordre du kiloHertz donc très en dessous des fréquences de résonance ω_R des lignes de dislocation. En effet, si la dislocation est de longueur L, sa fréquence de résonance est :

$$\omega_R = \frac{\pi}{L}\left(\frac{C}{A}\right)^{1/2} = \sqrt{\frac{2}{1-\nu}}\frac{v_t}{L} \tag{3.9}$$

où v_t est la vitesse du son transverse. Pour $L \sim 10\mu$m, on obtient une fréquence de résonance de l'ordre de 8 MHz très supérieure à nos fréquences de mesure. Même pour $L = 200\ \mu$m, on trouve 400 kHz, une fréquence très supérieure à nos fréquences de mesures. Dans ce régime basse fréquence, on peut donc négliger le terme inertiel $A\frac{\partial^2 \xi}{\partial t^2}$. En intégrant le reste de l'équation, on peut alors extraire la déformation due aux dislocations sous sa forme complexe comme :

$$\frac{\varepsilon_{\text{disl}}}{\varepsilon_{\text{el}}} = R\Sigma\Lambda L^2 \frac{1-i\omega\tau}{1+(\omega\tau)^2} \tag{3.10}$$

où R est un facteur d'orientation dépendant des contraintes de cisaillement dans la direction de glissement des dislocations ($0 \leq R \leq 0,5$) et $\Sigma = \frac{4(1-\nu)}{\pi^3} \approx 0,09$ est une constante. Le temps de relaxation est $\tau = \frac{BL^2}{\pi^2 C}$ avec $C = \frac{2\mu_{\text{el}}b^2}{\pi(1-\nu)}$. La déformation totale est la somme de la contribution élastique du réseau et de celle des dislocations. Ainsi les dislocations réduisent le module de cisaillement μ_{el} du cristal et introduisent de la dissipation :

$$\frac{\mu_{\text{el}}}{\mu} = \frac{\varepsilon_{\text{el}} + \varepsilon_{\text{dis}}}{\varepsilon_{\text{el}}} = 1 + R\Sigma\Lambda L^2 \frac{1-i\omega\tau}{1+(\omega\tau)^2} \tag{3.11}$$

L'état le plus mou est atteint à basse température lorsque l'amortissement des dislocations est faible. On néglige ici l'effet du piégeage par les ^{3}He. Dans ces conditions, on peut supposer $\omega\tau \ll 1$. Ainsi, en séparant partie imaginaire et partie réelle, on peut extraire le module de cisaillement et la dissipation :

$$\frac{\Delta\mu}{\mu_{\text{el}}} = \frac{\mu_{\text{el}} - \mu}{\mu_{\text{el}}} = \frac{R\Sigma\Lambda L^2}{1 + R\Sigma\Lambda L^2} \quad (3.12)$$

$$\frac{1}{Q} = \frac{\Delta\mu}{\mu_{\text{el}}}\omega\tau = \frac{\Delta\mu}{\mu_{\text{el}}}\omega\frac{BL^2}{\pi^2 C} \quad (3.13)$$

Le coefficient d'amortissement si celui-ci est dominé par le fluttering a été décrit par Ninomiya [134] dans sa théorie comme :

$$B = \frac{14,4 k_{\text{B}}^3}{\pi^2 \hbar^2 c^3} T^3 = g T^3 \quad (3.14)$$

où c est la vitesse du son de Debye correspondant approximativement à la vitesse du son transverse que l'on prendra égale à 285 m/s [48]. On trouve la valeur de $g \approx 1,5$ SI, en accord à un facteur 2 près avec les mesures ultrasonores [110]. On obtient alors comme expression simplifiée de la dissipation :

$$\frac{1}{Q} = \frac{\Delta\mu}{\mu_{\text{el}}}\frac{gL^2}{\pi^2 C}\omega T^3 \quad (3.15)$$

Ainsi la dissipation selon ce modèle dépend effectivement de T^3 comme nous l'avions annoncé au début. Le pré-facteur dépend quant à lui de la longueur libre des dislocations L et de la réduction du module de cisaillement $\frac{\Delta\mu}{\mu_{\text{el}}}$. Comme ce dernier dépend du facteur ΛL^2, la connaissance du module de cisaillement et de la dissipation permettrait de fournir pour la première fois dans l'hélium solide, une mesure de la densité de dislocations Λ et de la longueur libre des dislocations L séparément. Mais avant cela, il a fallu vérifier que ce modèle s'appliquait bien à notre cas et que l'amortissement des dislocations était bien dominé par le mécanisme de fluttering, c'est-à-dire proportionnel à ωT^3.

3.3.4 Vérification expérimentale du modèle

Nos mesures ont permis de démontrer que le mécanisme de dissipation est bien celui du fluttering qui prédit $1/Q \propto \omega B \propto \omega T^3$ d'autre part. La Figure 3.13(a) montre la dissipation mesurée à 3 kHz et à forte contrainte sur le cristal X15c en fonction de T^2, T^3 et T^5. Il apparait bien qu'à basse température, la dissipation est proportionnelle à T^3 et non à T^2 comme l'ont observé Paalanen et al. [131] ni à T^5 comme ce serait le cas si le mécanisme de dissipation était celui dit d'"anharmonicity".

La Figure 3.13(b) montre la dissipation mesurée à 1,5 kHz, 3 kHz et 9 kHz à forte déformation sur le cristal X15c en fonction de ωT^3. À basse température, les données pour les trois fréquences se superposent sur la même droite. Pour la première fois, nous avons une preuve directe et précise que la dissipation est bien proportionnelle à ωT^3. À plus haute température et à haute fréquence (i.e. pour ωT^3 plus grand que 10^4), l'hypothèse $\omega\tau \ll 1$ n'est plus valable. La dissipation peut dévier de son comportement linéaire à cause du terme $(\omega\tau)^2$ dans le module de cisaillement (Équation 3.11), mais peut-être aussi parce que l'hypothèse d'une

3.3. COLLISIONS AVEC DES PHONONS THERMIQUES

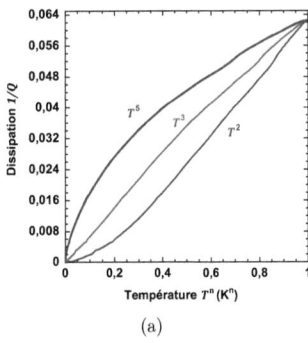
(a)

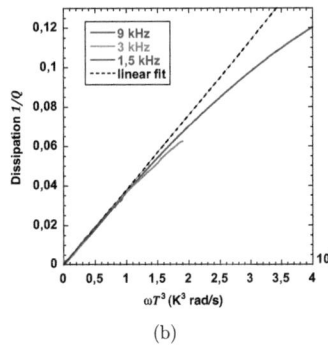
(b)

FIGURE 3.13 – Dissipation en fonction de T pour une déformation $\varepsilon = 10^{-7}$ dans le cristal X15c d'hélium ultrapur (0,4 ppb) préparé à 1,37 K. En (a), la dissipation est tracée en fonction de T^n pour $n = 5$ (vert), $n = 3$ (bleu) et $n = 2$ (rouge). En (b), la dissipation pour trois fréquences de mesure différentes, est représentées en fonction de ωT^3. La ligne noire en pointillé est une extrapolation linéaire du comportement en ωT^3 observé à basse température.

seule longueur L est simpliste. À des températures encore plus élevées, la dissipation devrait franchir un maximum pour $\omega\tau \approx 1$ et ensuite décroître. Pour $\omega\tau \gg 1$, les dislocations sont immobiles et ne contribuent ni à la dissipation ni à la réduction du module de cisaillement du cristal. On comprend bien ici pourquoi les mesures ultrasonores effectuées à haute fréquence ($\sim$10 MHz) et à haute température ($\sim$1,2 K) donnent les constantes élastiques intrinsèques de l'hélium solide sans réduction due au mouvement des dislocations [48, 49].

3.3.5 Densité et longueur libre des dislocations

Compte tenu de l'accord trouvé entre ce modèle et nos mesures, nous pouvons l'utiliser pour calculer la densité et la longueur libre des dislocations comme nous l'avons montré précédemment. La Figure 3.14 compare les dissipations des trois types de cristaux comme nous les avons définis dans le Chapitre 2.4. Les cristaux de "type 1" formés à 20 mK ou 0,6 K coexistent avec le superfluide dans toute la gamme de températures balayée ce qui minimise la contrainte subie. Les cristaux de "type 2", formés à $\sim$1,3 K remplissent complètement la cellule de solide mais ils ont subi des contraintes importantes. Enfin, le dernier type est le polycristal qui a crû à volume constant et donc a subi de larges variations de pression en plus d'être polycristallin. Chacun de ces cristaux montre bien une dissipation $1/Q$ proportionnelle à ωT^3 à basse température, mais les pentes varient ce qui indique bien différentes qualités cristallines. Nous pouvons déterminer le coefficient d'orientation R pour chaque cristal, qui n'est en fait que le coefficient permettant de passer de la contrainte à la contrainte résolue (voir Chapitre 2.4). Ainsi, nous pouvons extraire la densité de dislocations Λ de l'équation 3.12. Le Tableau 3.3 contient l'ensemble des densités et des longueurs de dislocations ainsi que les facteurs ΛL^2 pour ces différents types de cristaux et pour différentes puretés d'hélium (300 ppb ou 0,4 ppb).

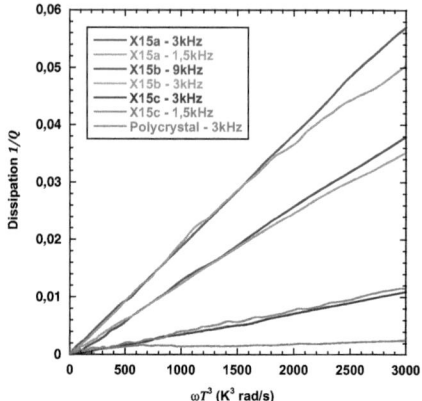

FIGURE 3.14 – Dissipation en fonction de ωT^3 mesurée entre 1,5 kHz et 9 kHz pour une déformation de 10^{-7} et pour 4 cristaux différents.

Ces résultats nécessitent toutefois plusieurs hypothèses qu'il est important de discuter. La valeur utilisée pour l'énergie de ligne de la dislocation C dans l'équation 3.13 suppose un milieu isotrope et ne prend pas en compte l'énergie du cœur de la dislocation. L'équation 3.14 considère aussi une interaction isotrope avec les phonons. Néanmoins des calculs plus précis de C et B ne changeraient pas les différences relatives de densités et de longueurs libres en fonction des différents types de cristaux. Nous faisons aussi l'hypothèse qu'il n'existe qu'une unique longueur de dislocation alors qu'il y a vraisemblablement une distribution de longueurs autour d'une longueur moyenne. C'est en effet une vision simplifiée et des mesures actuellement en cours dans notre laboratoire ont pour but d'interpréter l'ensemble de l'évolution du module de cisaillement et de la dissipation sur toute la gamme de températures en utilisant une distribution de longueurs. Toutefois, une telle distribution ne changerait pas de façon significative les valeurs de L ou de Λ ni leurs variations en fonction des techniques de croissance des cristaux. Notons aussi que nos mesures présentées ici (tout comme les mesures élastiques ou ultrasonores précédentes) ne sont sensibles qu'aux dislocations mobiles. Les dislocations avec des plans de glissement différents du plan de base pourraient ne pas être mobiles et ne seraient pas prises en compte.

3.3. COLLISIONS AVEC DES PHONONS THERMIQUES

Cristal	$T_{croissance}$ (K)	^{3}He conc. (ppb)	L (μm)	Λ (cm^{-2})	ΛL^2
X15c	1,37	0,4	98	$4,2 \times 10^5$	40,3
X18	1,32	0,4	98	$5,9 \times 10^5$	56,6
X21	1,35	300	175	$1,2 \times 10^5$	36,8
X15a	0,60	0,4	229	$7,2 \times 10^4$	37,8
X15b	0,02	0,4	231	$3,2 \times 10^4$	17,1
Polycrystal	(29 bars)	300	59	$5,4 \times 10^5$	18,8

TABLE 3.3 – Valeurs des densités et des longueurs libres de dislocations pour 6 cristaux extraites à partir de la dépendance en ωT^3 des dissipations présentées Figure 3.14 et de la réduction de leurs modules de cisaillement.

3.3.6 Discussion

Contrairement aux mesures antérieures de L faites à partir de la dépendance en fréquence près de la résonance des dislocations ($\sim$16 MHz pour $L = 5$ μm) ou à partir du décrochage des impuretés d'^{3}He, nous avons montré de manière directe que la dissipation à haute température était due à l'amortissement du mouvement des dislocations par des collisions avec des phonons thermiques. Nous avons utilisé cette dissipation pour mesurer la densité de dislocations Λ et la longueur libre L des dislocations. Les valeurs de Λ trouvées pour nos monocristaux sont similaires à celles des mesures ultrasonores [110] mais nous trouvons des longueurs libres de dislocations dans nos monocristaux jusqu'à 50 fois plus élevées que dans les mesures précédentes. On notera que nos valeurs de Λ décroissent bien en fonction du désordre présumé de chaque cristal, c'est-à-dire des contraintes subies pendant la croissance. Contrairement à ce qui a été dit, nous pensons que la géométrie de la cellule n'est pas très importante dans cette différence. C'est donc leur méthode qui nous paraît conduire à un résultat inexact.

Nous mesurons des valeurs du facteur ΛL^2 qui sont beaucoup plus grandes (entre 17 et 57) que celle attendue dans le cas d'un réseau de Frank simple et sont jusqu'à deux ordres de grandeur au-dessus de celles trouvées dans les mesures ultrasoniques [110, 130]. Ces valeurs indiquent une fois encore que les dislocations sont alignées donc leur connectivité est réduite comme cela a déjà été supposé plus tôt lorsque nous avons discuté la variation du module de cisaillement. Elles forment probablement des réseaux planaires [10] comme dans les joints de grains faibles observés en tomographie à rayons-X [55].

Les très grandes longueurs trouvées indiquent aussi que les dislocations vibrent avec une très grande amplitude et une très grande vitesse. Pour une déformation $\varepsilon \sim 10^{-7}$, le déplacement maximum pour nos dislocations les plus longues ($L = 230$ μm) est donné par :

$$\xi_{max} = \frac{\sigma b L^2}{8C} \approx \frac{\varepsilon L^2}{b} \sim 1,5 \; \mu m \qquad (3.16)$$

La dislocation balaye alors une surface d'environ 4×10^{-10} m^2 et devrait donc rencontrer près de un millier d'atomes d'^{3}He dans un cristal de pureté naturelle. Toutefois, la dissipation possède la même dépendance en ωT^3 dans l'hélium naturel que dans l'hélium ultrapur ce qui montre bien que les collisions avec les impuretés ne contribuent pas de façon significative à l'amortissement des dislocations à haute température. Pour une fréquence de 9 kHz, ce déplacement correspond à une vitesse de $v_{max} = \xi_{max}\omega \sim 0,1$ m/s qui est macroscopique.

Pour finir, intéressons nous au polycristal BC2 qui possède comme on s'y attendait une densité de dislocations plus élevée de $5,4 \times 10^5$ et des longueurs plus courtes que les monocristaux. On notera que sa densité Λ est faible comparée aux études précédentes et elle n'est qu'un ordre de grandeur au-dessus des monocristaux. Nous pouvons ici revenir sur la supersolidité et le scénario proposé par Shevchenko [127]. Selon ce scénario, la supersolidité de l'^{4}He solide aurait été due à un réseau superfluide de cœurs de dislocations. Toutefois, pour obtenir une fraction de superfluide aussi grande que 0,1%, il faudrait une très grande densité de dislocations. Les simulations numériques de Boninsegni et al. [126] ont montré que la fraction superfluide d'une unique dislocation ne peut pas correspondre à plus qu'une ligne d'atomes. Par conséquent, la fraction superfluide totale du cristal est de l'ordre de $\Lambda/(n_A)^{2/3}$ où $n_A = \rho N/3 = 4 \times 10^{22}$ cm^{-3} est la densité volumique d'atomes dans le solide. Ainsi pour 0,1% de NCRI, il faudrait $\Lambda = 1,2 \times 10^{12}$ cm^{-2}, plus de 6 ordres de grandeur de plus que ce que nous avons mesuré. Une telle densité signifierait une dislocation tous les 90 Å ou encore tous les 30 atomes. Si on estime alors que la longueur de cohérence ξ le long d'une dislocation est de l'ordre de aT^*/T avec a la distance interatomique ($\sim$3,7 Å) et $T^* = 2$ K et que cette dernière doit être supérieure à 90 Å, on trouve une possible transition supersolide vers 70 mK lorsque $\xi = L$. Cette température n'est pas très éloignée de la température de transition observée mais nous avons montré que le phénomène est autre (anomalie élastique), de plus la densité Λ est très inférieure à 10^{12} cm^{-2}. Nos mesures contredisent donc les deux scénarios proposés pour la supersolidité (Anderson et Shevchenko)

Maintenant que nous connaissons la longueur des dislocations, il est possible de déterminer la vitesse à laquelle elles oscillent en fonction de la fréquence et de la déformation appliquée. L'étude de la vitesse des dislocations nous à permis de mettre en évidence le résultat dont nous allons parler dans une dernière partie : l'existence d'une vitesse critique pour les dislocations habillées d'impuretés d'^{3}He.

3.4 Une vitesse critique pour les dislocations

3.4.1 Deux approches différentes sur le rôle des impuretés

Nous avons montré que l'anomalie élastique observée par Paalanen et al. [131] et par Day et Beamish à basse température [72] était la conséquence d'une plasticité géante due au glissement des dislocations parallèlement aux plans de base de la structure hexagonale. À basse température le mouvement des dislocations est réduit par les ^{3}He, mais les détails du mécanisme mis en jeu ne sont toujours pas bien compris. Le rôle joué par les impuretés d'^{3}He bien qu'il soit admis, reste controversé. Certains auteurs ont observé que la température de la transition d'un état mou à un état rigide dépendait de la fréquence [76] alors que d'autres ont supposé qu'il n'y avait pas de dépendance en fréquence [135, 136]. Ainsi, en ce qui concerne le rôle des

3.4. UNE VITESSE CRITIQUE POUR LES DISLOCATIONS

impuretés d'^{3}He, deux mécanismes différents ont été considérés jusqu'à présent.
Iwasa [136] et Kang *et al.* [135] expliquent la transition d'un état mou à un état rigide comme la simple conséquence de l'évolution de la longueur libre des dislocations L d'une longueur limitée par le réseau L_N à une longueur plus petite limitée par l'accrochage des impuretés, L_i. Comme nous l'avons vu, à basse fréquence et si l'amortissement est faible, la théorie de Granato et Lücke [19] décrit la variation du module de cisaillement μ avec la température comme :

$$\frac{\Delta\mu}{\mu_{el}} = \frac{\mu_{el} - \mu}{\mu_{el}} = \frac{R\Sigma\Lambda L^2}{1 + R\Sigma\Lambda L^2} \quad (3.17)$$

où μ_{el} est la valeur intrinsèque du module de cisaillement correspondant à l'état rigide lorsque les dislocations ne se déplacent pas et donc ne participent pas à sa réduction. Ainsi selon cette approche, le cristal durcit car la longueur libre moyenne L des dislocations diminue. Dans cette approche, la température de transition ne dépend pas de la fréquence.

Selon une autre approche, Syshchenko *et al.* [76] proposent un modèle de Debye où les propriétés du cristal ont un temps de relaxation τ qui dépend exponentiellement de la température. Cette dépendance provient d'une énergie de piégeage des ^{3}He, voire d'une distribution d'énergies de piégeage. Le temps de relaxation augmente donc quand la température diminue et la transition apparaît lorsque $\omega\tau$ approche de 1. La température de celle-ci dépend alors de la fréquence. À partir d'un graphique de type Arrhenius de la température du pic de dissipation considérée comme la température de la transition, Syshchenko *et al.* ont pu extraire une énergie de liaison E pour les ^{3}He. Plus précisément, ils ont défini une distribution log-normale d'énergies caractérisée par un étalement relativement grand de 0,45 autour de la valeur moyenne. Cette distribution d'énergie s'est avérée nécessaire pour ajuster leur modèle à l'ensemble de leurs mesures du module de cisaillement et de la dissipation en fonction de la température.

Afin de mieux comprendre ce problème, nous avons étudié la variation de l'anomalie élastique des cristaux d'^{4}He en fonction de la fréquence et de l'amplitude de l'excitation.

3.4.2 Description du cristal Y3

Nous avons effectué l'ensemble de ces mesures sur un même monocristal Y3 de pureté naturelle (300 ppb), préparé à 1,35 K à partir du superfluide, puis refroidi le long de la courbe de fusion. Au préalable, nous avons mesuré son orientation à partir d'une croissance facettée (voir photo en encart de la Figure 3.16(a)). On trouve $\theta = 12,5°$ et $\varphi = 90°$, ce qui permet de déterminer le module de cisaillement mesuré qui dépend principalement de c_{44} :

$$\mu = 0,82 c_{44} + 0,04(c_{11} + c_{33} - 2c_{13})$$

En utilisant les coefficients élastiques mesurés par Crepeau *et al.* [48] et Greywall [49], on trouve une valeur intrinsèque rigide de $\mu_{rigide} = 135$ bars. Une étude similaire à celle présentée dans la partie précédente nous permet d'extraire, à partir de la variation à haute température de la dissipation, la longueur libre et la densité des dislocations dans ce cristal. Dans la partie précédente, les résultats étaient obtenus à partir de mesures à assez forte contrainte ce qui permet de repousser l'effet des ^{3}He à très basse température. Ici, nous travaillons à relativement faible amplitude, c'est pourquoi, comme on peut voir sur la Figure 3.15, la dissipation augmente à basse température : il reste de l'accrochage par les ^{3}He. On arrive toutefois à distinguer un régime linéaire dans une une région intermédiaire. Cela nous permet d'obtenir une longueur de $L = 73$ μm et une densité $\Lambda = 7,6 \times 10^5$ cm^{-2}. On calcule alors un facteur $\Lambda L^2 = 40$ indiquant à nouveau une faible connectivité du réseau de dislocations.

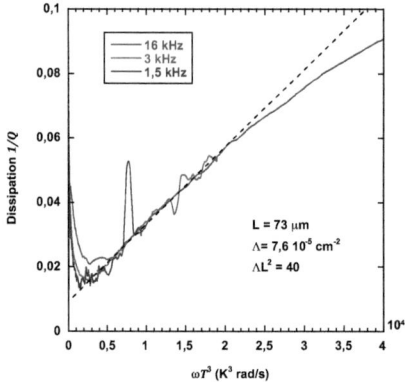

FIGURE 3.15 – Dissipation en fonction de ωT^3 mesurée sur le cristal Y3 à 3 fréquences différentes pour une déformation de $2,7 \times 10^{-9}$. La portion linéaire visible dans la limite des petits ωT^3 malgré la remontée à basse température due aux ^{3}He, nous permet de calculer la longueur libre et la densité de dislocations de ce cristal.

Enfin, grâce à un cycle en amplitude, nous vérifions que la déformation critique pour l'accrochage des ^{3}He est bien toujours de l'ordre de 10^{-8} pour ce cristal, une limite de déformation maximale que nous n'avons pas dépassée dans cette étude.

3.4.3 Mesures pour différentes fréquences et amplitudes

Nous avons mesuré le module de cisaillement et la dissipation en fonction de la température en refroidissant le cristal de 1 K à 20 mK. Nous avons utilisé des fréquences comprises entre 2 Hz et 16 kHz ainsi que 4 amplitudes de déformation comprises entre $1,4 \times 10^{-9}$ et $9,5 \times 10^{-9}$. On note qu'aucune de ces déformations n'est au-dessus de la déformation critique et l'état rigide intrinsèque est atteint à basse température dans toutes les mesures. La Figure 3.16(a) montre le module de cisaillement et la dissipation à une déformation de $2,7 \times 10^{-9}$ pour différentes fréquences.

3.4. UNE VITESSE CRITIQUE POUR LES DISLOCATIONS

On remarque que la transition entre l'état mou et l'état rigide intervient à une température qui augmente avec la fréquence. Cette observation confirme bien celle de Syshchenko et al. [76]. La valeur du module de cisaillement à l'état rigide à basse température ne dépend pas de la fréquence. À haute température, l'état mou est aussi indépendant de la fréquence et correspond à une réduction de 60% de la constante c_{44} en bon accord avec les résultat précédents. C'est seulement la température de transition qui en dépend. On notera toutefois l'apparition à haute fréquence d'une augmentation de la rigidité à haute température causée par les collisions avec les phonons thermiques qui donne une dissipation proportionnelle à la fréquence.

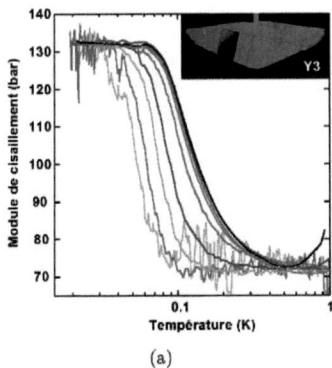
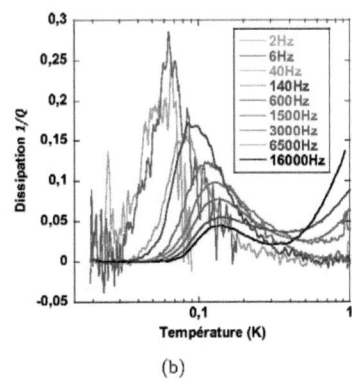

(a)   (b)

FIGURE 3.16 – Mesure du module de cisaillement (a) et de la dissipation (b) sur le cristal Y3 pour une déformation de $2{,}7\times 10^{-9}$. Les différentes courbes correspondent à différentes fréquences données en légende. Une photo des facettes du cristal Y3 avec l'axe **c** à $12{,}5°$ occupe le coin supérieur droit de (a).

La Figure 3.17 montre la dépendance en fréquence de la température du pic de dissipation T_{pic} qui peut être considérée comme la température de transition. Elle correspond à $\omega\tau = 1$ dans le modèle de Debye. Le graphique d'Arrhenius en semi-log donne une variation linéaire en fonction de $1/T_{\text{pic}}$ ce qui suggère l'existence d'un régime thermiquement activé à basse fréquence et faible déformation. À partir de la pente sur ce graphique, nous obtenons une énergie d'activation de $E = 0{,}67$ K. Il serait tentant d'identifier cette énergie à l'énergie de piégeage des impuretés ^{3}He sur la dislocation mais cela reste à justifier. Syshchenko et al. ont observé un comportement similaire. Ils ont alors supposé que le temps de relaxation de la dislocation était proportionnel à la concentration $\chi_{3}^{d} \propto \exp(E/k_{\text{B}}T)$ d'impuretés attachées à la ligne. Ainsi comme $\omega\tau = 1$ au maximum du pic de dissipation, il ont pu extraire des énergies de piégeage respectivement égales à $0{,}73$ K et $0{,}77$ K pour deux polycristaux [76].

Notre mesure, plus précise et plus complète que les précédentes permet d'observer deux nouvelles propriétés qui jusqu'alors n'avaient pas été vues. La première est

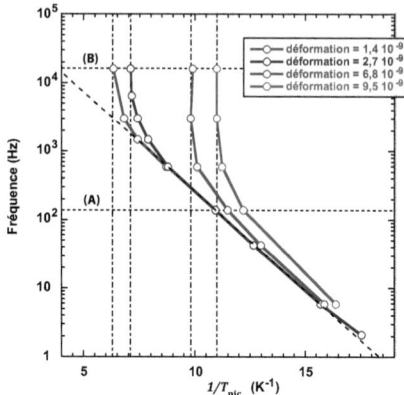

FIGURE 3.17 – Graphique d'Arrhenius en semi-log de la fréquence de mesure en fonction de l'inverse de la température T_{pic} du pic de dissipation. T_{pic} représente la température de transition de l'état mou à l'état rigide. Le régime linéaire à basse fréquence et faible déformation est caractéristique d'un mécanisme thermiquement activé avec une énergie d'activation de $E = 0,67$ K.

qu'à basse fréquence, la température de la transition est indépendante de la déformation. Cela signifie que la concentration d'^{3}He sur la ligne de dislocation est alors indépendante de l'amplitude. Mais à des fréquences et à des amplitudes plus élevées, la température de la transition dépend de la déformation, ce qui indique maintenant qu'appliquer une grande contrainte diminue la température de transition. La Figure 3.18 montre une vision tridimensionnelle en fonction de la température et de la déformation. La Figure 3.17 est une projection de ce graph 3D.

La seconde est qu'au-dessus d'une certaine fréquence $\omega_c(\varepsilon)$ qui varie avec l'amplitude de la déformation ε, la température de transition devient indépendante de la fréquence. Pour la première fois, nous avons la preuve d'une transition entre un régime dépendant de la fréquence et un régime indépendant de la fréquence. Les observations expérimentales à 1 kHz de Kang et al. [135] ne sont probablement pas faites dans le même régime que celles de Syshchenko et al. [76].

La Figure 3.19 montre un graphique similaire à celui de la Figure 3.17 où la fréquence est remplacée par la vitesse maximale des lignes de dislocation en supposant qu'elles gardent leur longueur libre L_{N}. Cette nouvelle représentation montre que la transition entre les deux régimes apparaît pour une vitesse critique $v_c \approx 45$ μm/s. Afin d'obtenir la vitesse, nous avons repris l'équation du mouvement issue du modèle de Granato et Lücke en négligeant le terme inertiel et l'amortissement :

$$C\frac{\partial^2 \xi}{\partial y^2} = b\sigma \quad (3.18)$$

En l'intégrant deux fois et avec les conditions aux limites $\xi(0) = \xi(L_{\text{N}}) = 0$, on

3.4. UNE VITESSE CRITIQUE POUR LES DISLOCATIONS

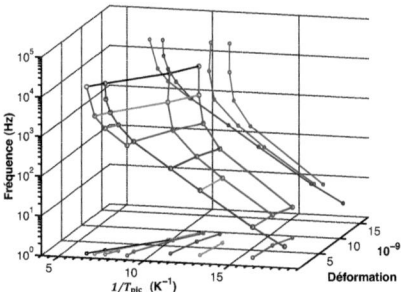

FIGURE 3.18 – Graphique en 3 dimensions de l'inverse de la température du pic de transition en fonction de la fréquence et de la déformation appliquée. Deux projections sont affichées sur les plans fréquence/température et déformation/température.

obtient la valeur de $\xi_{\max} = \xi(L_N/2)$ au milieu de la ligne :

$$\xi_{\max} = \frac{\sigma b L_N^2}{8C} \tag{3.19}$$

La vitesse maximale est donnée par $v_{\max} = \xi_{\max}\omega$. Enfin, comme $\sigma = \mu_{\text{el}}\varepsilon$ et $C = \frac{2\mu_{\text{el}}b^2}{\pi(1-\nu)}$, on obtient :

$$v_{\max} = \frac{\pi(1-\nu)}{16b}L_N^2\varepsilon\omega \tag{3.20}$$

C'est ainsi que nous avons pu trouver une vitesse critique pour les dislocations de $v_c \approx 45$ μm/s. On notera que dans le cas du second régime, la longueur des lignes de dislocations est $L_i < L_N$. Le calcul précédent n'est donc pas exact dans ce cas. En effet, le pic de dissipation correspond au milieu de la transition du module de cisaillement où $\Delta\mu/\mu_{\text{el}} \approx 1/2$. Un calcul plus rigoureux devrait considérer une longueur de ligne L_i telle que $L_i^2 = L_N^2/2$. On obtiendrait des vitesses plus faibles pour ces cas là. Toutefois l'existence d'une vitesse critique séparant deux régimes pour deux mécanismes de durcissement n'est pas remise en cause et ce résultat amène à différentes interprétations possibles et à de nouvelles questions.

3.4.4 Discussion

Nous avons donc mis en évidence l'existence d'une vitesse critique v_c à la transition entre deux régimes expliquant le durcissement de l'⁴He solide à basse température : un premier régime à basse fréquence et faible déformation qui dépend de la fréquence et un second indépendant de la fréquence. Essayons de comprendre ce résultat à l'aide d'un modèle simple. Dans le cadre de la théorie de Granato et Lücke [19] avec les mêmes hypothèses que dans la partie 3.3, la dissipation est décrite par :

$$\frac{1}{Q} = \frac{\Delta\mu}{\mu_{\text{el}}}\omega\tau = \frac{\Delta\mu}{\mu_{\text{el}}}\omega\frac{BL^2}{\pi^2 C} \tag{3.21}$$

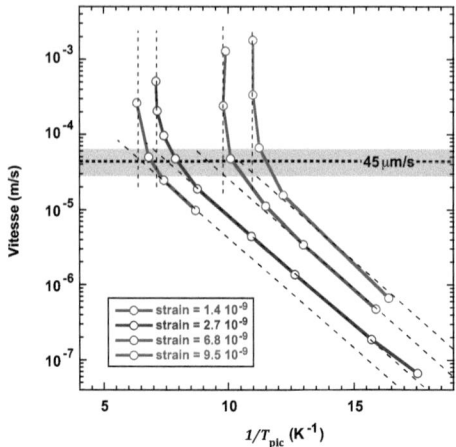

FIGURE 3.19 – Ce graphique montre les mêmes résultats que celui de la Figure 3.17 mais la fréquence a été remplacée par la vitesse maximale des dislocations. Dans cette représentation, on s'aperçoit que la transition entre les deux régimes a lieu pour une même vitesse critique $v_c \approx 45$ μm/s.

Dans cette formule, plusieurs quantités dépendent de la concentration d'impuretés ^{3}He sur la ligne : la variation du module de cisaillement $\Delta\mu$, l'amortissement B du mouvement des dislocations si les ^{3}He restent attachés à celles-ci, et enfin la longueur des lignes de dislocations L qui peut être réduite en présence d'^{3}He sur la ligne. Nous proposons donc l'interprétation suivante.

3.4.4.1 Une température critique pour l'accrochage

Rappelons tout d'abord que les impuretés sont attachées aux dislocations coins par un potentiel provenant du champ de contrainte autour de la dislocation et de la différence de volume entre les atomes d'^{3}He et d'^{4}He. Si une contrainte de cisaillement σ est appliquée sur le cristal, la dislocation se déforme entre les points d'ancrage et exerce une force sur les impuretés proportionnelle à la contrainte σ, au vecteur de Burger b et la longueur libre L entre deux points d'ancrage :

$$F = \frac{4b}{\pi}\sigma L \qquad (3.22)$$

Par conséquent si cette force dépasse une valeur critique F_{c0}, ou encore si la contrainte dépasse une valeur critique σ_{c0}, la dislocation va se détacher des impuretés. Cela vaut aussi bien pour le décrochage que pour l'accrochage des impuretés à la différence près que dans ces deux cas la longueur libre des dislocations est différente, elle vaut L_i dans le premier et L_N dans le second. Il y a donc deux contraintes critiques

3.4. UNE VITESSE CRITIQUE POUR LES DISLOCATIONS

en fonction de ces longueurs ce qui explique l'hystérésis observée lors des cycles en amplitude comme ceux présentés sur la Figure 3.11. Ce processus est purement mécanique à $T = 0$ mais peut être assisté par les fluctuations thermiques à température non nulle. Cela donne une contrainte critique $\sigma_c(T)$ qui diminue lorsque la température augmente. Si les mesures sont effectuées en refroidissant un cristal à une contrainte constante comme c'est notre cas, on a donc une température critique d'accrochage $T_c(\sigma)$ qui diminue lorsque la contrainte augmente.

Nos mesures sont effectuées à fréquence constante lors de refroidissements en maintenant une déformation constante soit une contrainte quasi-constante (les lignes pointillées horizontales sur la Figure 3.17 allant de la gauche vers la droite). Au-dessus de la température critique qui dépend de la contrainte, aucune impureté n'est attachée à la dislocation. En-dessous, des impuretés commencent à s'attacher à la dislocation et la concentration d'atomes d'^{3}He sur la ligne χ_3^d évolue exponentiellement avec la température :

$$\chi_3^d = \chi_3 \exp(E/k_B T) \qquad (3.23)$$

Ces températures critiques sont représentées pour chaque déformation par des lignes pointillées verticales sur la Figure 3.17. Par exemple pour une déformation de $9,5 \times 10^{-9}$, Tc, elle vaut environ 90 mK.

3.4.4.2 Interprétations possibles des deux régimes

Dans un solide conventionnel, les impuretés sont immobiles à basse température, ainsi une fois attachées à la dislocation elles la fixent totalement. Cela rigidifie le cristal jusqu'à ce qu'il retrouve son module de cisaillement intrinsèque lorsqu'il n'y a plus de contribution des dislocations. La température pour cette transition est indépendante de la fréquence mais diminue lorsque la contrainte augmente pour les raisons expliquées précédemment. Toutefois dans notre cas, cette interprétation n'est plus valable à basse fréquence puisque la température de la transition change avec la fréquence comme on peut le voir sur la Figure 3.17. Cela provient de la mobilité des impuretés d'^{3}He dans l'^{4}He. Si les impuretés peuvent bouger, il a une distinction à faire entre accrochage des impuretés à la dislocation et piégeage de la dislocation. Des impuretés mobiles accrochées à une dislocation ne la piègent pas nécessairement contrairement aux impureté fixes pour lesquelles accrochage et piégeage sont équivalents. Cette effet est connu dans les cristaux classiques à haute température quand les impuretés peuvent se déplacer par diffusion thermique. Elles sont alors emportées par la dislocation et plutôt que de la piéger cela produit un amortissement qui va freiner son mouvement.

À basse température, lorsque l'effet des phonons disparaît et que l'accrochage des ^{3}He commence, le coefficient d'amortissement B de l'équation 3.21 est essentiellement dû aux impuretés habillant la dislocation. Si les impuretés se déplacent sans interaction les unes des autres, l'amortissement sera proportionnel à la concentration en impuretés sur la ligne χ_3^d. Par conséquent, le temps de relaxation lié au mouvement de la dislocation ($\tau = BL^2/\pi^2 C$) augmente exponentiellement avec la température. Et si τ devient grand devant la période d'oscillation de la contrainte, les dislocations sont bien immobilisées par cet amortissement et le cristal se rigidifie. Cette transition due à l'amortissement apparaît lorsque $\omega\tau = 1$.

Grâce à cette distinction entre accrochage des ^{3}He et piégeage des dislocations, nous pouvons comprendre le comportement décrit par la Figure 3.17. Par exemple, considérons les données pour une déformation de $6,8 \times 10^{-9}$. La température critique d'accrochage T_c pour cette contrainte vaut environ 100 mK. Au-dessus de cette température, les ^{3}He ne peuvent pas s'accrocher et le cristal est mou quelque soit la fréquence, avec un module de cisaillement déterminé par L_N, c'est à dire par le réseau de dislocations uniquement. En-dessous de 100 mK, les atomes d'^{3}He s'accrochent aux dislocations à leur concentration d'équilibre $\chi_3^d(T)$. À haute fréquence, chemin (B), cet accrochage équivaut à un piégeage des dislocations et rigidifie immédiatement le cristal. La température de transition ne dépend donc que de la déformation et non de la fréquence. Mais à basse fréquence, chemin (A), le cristal reste mou malgré la présence d'^{3}He. Ce n'est qu'à plus basse température, lorsque l'amortissement dû aux impuretés immobilise les dislocations, que la transition vers un état rigide apparaît. Cela implique que les atomes d'^{3}He peuvent suivre les dislocations lorsqu'elles se déplacent à basse vitesse (i.e. basse fréquence) mais ne peuvent plus à haute vitesse (i.e. haute fréquence).

La Figure 3.19 qui trace la température de transition en fonction de la vitesse des dislocations montre que c'est bien cette vitesse qui détermine si les ^{3}He sont capables de suivre les dislocations ou pas. Pour des dislocations se déplaçant à une vitesse inférieure à 45 μm/s, on voit un régime causé par un amortissement des impuretés d'^{3}He qui dépend de la fréquence et non de la contrainte. Au-dessus de cette vitesse critique, les atomes d'^{3}He ne peuvent plus suivre les dislocations et agissent alors comme des point fixes piégeant ces dernières. Cela rigidifie le cristal sous la température d'accrochage qui dépend de la contrainte et non de la fréquence.

Enfin, on pourrait aussi considérer une interprétation légèrement différente. Dans un article récent [137], Iwasa propose que les atomes d'^{3}He puissent migrer le long de la ligne de dislocation. Rojas et al. [138] avaient déjà remarqué qu'une telle migration existe en dessous de 60 mK et qu'elle dépend de la température. Lorsque la dislocation vibre, les impuretés ^{3}He qui restent attachées à cette dernière pourraient migrer du centre de la dislocation qui se déforme beaucoup vers les nœuds du réseau qui restent des points fixes. Selon ce scénario, il y aurait une longueur libre de dislocation au centre qui dépend de la température, de la déformation et de la fréquence. Il faudrait donc considérer aussi ces migrations dans un futur modèle de dépendance en fréquence de la dissipation.

3.4.4.3 Un diagramme de phases

La Figure 3.20 montre la transition sur un diagramme contrainte/température dans lequel chaque point marque la limite entre l'état solide et l'état mou pour une certaine fréquence. Ce diagramme nous permet de comparer nos mesures à celles de Kang et al. [135]. Nous avons calculé la contrainte en multipliant la déformation par le module de cisaillement au pic de dissipation, i.e. à la température du point de mesure. À forte contrainte et grande vitesse, les données se rassemblent en une ligne indépendante de la fréquence le long de laquelle la température de transition diminue

3.4. UNE VITESSE CRITIQUE POUR LES DISLOCATIONS

quand la contrainte augmente. Cela correspond à la limite entre les régions que Kang *et al.* décrivent sur leur diagramme comme "totalement piégé" et "partiellement piégé". Nos données sont en bon accord avec les leurs d'autant plus que la position de cette limite dépend de la qualité du cristal. Notre interprétation en terme d'une contrainte critique thermiquement assistée pour le décrochage des ^{3}He est aussi la même que la leur. Toutefois notre contrainte maximum (0,1 Pa) est plus faible que leur contrainte minimum (0,2 Pa) et nos mesures sont effectuées jusqu'à des fréquences bien plus basses. C'est ce qui nous a permis d'étendre notre étude vers un régime à basse vitesse et de découvrir une vitesse critique pour le mouvement des dislocations habillées d'^{3}He. En-dessous de cette valeur nous observons un régime dépendant de la fréquence en accord avec les travaux de Syshchenko *et al.* [76] clarifiant ainsi la divergence entre les résultats de ces deux groupes.

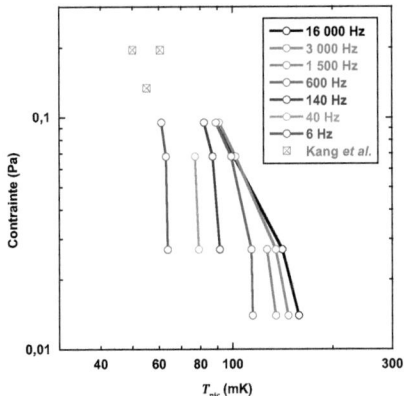

FIGURE 3.20 – La température de transition T_{pic} est donnée en fonction de la contrainte $\sigma = \mu\varepsilon$. La contrainte est calculée avec la valeur du module de cisaillement à la température T_{pic}, c'est à dire environ au milieu de la transition. Les trois points au-dessus de 0,1 Pa proviennent de Kang *et al.* [135] dans une une région qu'ils considèrent comme une transition entre des dislocations totalement piégées et partiellement piégées.

Comme nous l'avons vu, les deux régimes que nous décrivons sont délimités par une vitesse critique qui dépend de la vitesse des impuretés d'^{3}He qui vont être capables, ou pas, de suivre le mouvement des lignes. Il est donc important de discuter la vitesse de déplacement des impuretés ^{3}He dans la masse du cristal mais aussi dans le voisinage des dislocations.

3.4.4.4 Migration des impuretés

Nous avons vu au Chapitre 1.2 que la vitesse moyenne d'une quasiparticule d'^{3}He dans la maille hexagonale d'atomes d'^{4}He est :

$$v_{\text{moy}} = 3\sqrt{2} a J_{34} \tag{3.24}$$

où $a = 3,7$ Å est le paramètre de maille. J_{34} est la fréquence angulaire d'échange ^{3}He-^{4}He et $J_{34}/2\pi$ vaut entre 0,06 et 1,8 MHz selon les différentes études [50,52,53]. Ainsi nous obtenons des vitesses moyennes pour les ^{3}He dans le solide comprises entre 1,2 cm/s et 600 μm/s. Si la vitesse critique des dislocations que nous avons mesurée est limitée par la vitesse moyenne des ^{3}He dans le potentiel du cœur de la dislocation, il semble normal qu'elle soit plus faible que la vitesse des ^{3}He dans la masse du cristal.

Afin d'aller plus loin, essayons de faire une analogie avec le modèle de Cottrell effectif dans le cas des métaux classiques [17]. Dans ce modèle, la vitesse maximum à laquelle une dislocation peut entrainer son atmosphère est décrite comme suit. Sous l'application d'une force $\mathbf{F}$, un atome dont le mouvement est aléatoire acquiert une vitesse de dérive v stable dans la direction de la force, qui est une moyenne de sa marche aléatoire donnée par la relation fluctuation-dissipation d'Einstein :

$$\mathbf{v} = (D/kT)\mathbf{F} \tag{3.25}$$

où D est le coefficient de diffusion de l'impureté. Dans le cas où $\mathbf{F}$ est la force appliquée à une dislocation coin, la vitesse moyenne des impuretés de différence de volume ΔV dans l'atmosphère est donnée par :

$$v = (D/kT)(U/r^2) = Dl/r^2 \quad \text{avec} \quad U = \frac{\mu b}{3\pi}\frac{1+\nu}{1-\nu}\Delta V \tag{3.26}$$

La longueur caractéristique $l = U/kT$ peut être vue comme le rayon de l'atmosphère d'impuretés entourant la dislocation. Dans le cas d'un *nuage de Cottrell*, on peut supposer raisonnablement que la vitesse critique est atteinte lorsque $r \approx l/2$ [139]. La vitesse critique de la dislocation est alors :

$$v_c = 4D/l \tag{3.27}$$

Afin de comparer ce modèle avec notre système, estimons un coefficient de diffusion pour la quasiparticule d'^{3}He en supposant que son mouvement dans le puits de potentiel de la dislocation est une marche aléatoire de fréquence de saut J_{34} et de distance de saut a. Dans le cas d'une structure hexagonale, le coefficient de diffusion lié à une marche aléatoire est donné par [140] :

$$D = \frac{1}{32} J_{34} a^2 \tag{3.28}$$

Si enfin, on considère que le puits de potentiel de la dislocation est très étroit, ce que nous aborderons dans la partie suivante, on peut estimer que $l \approx a$. La vitesse critique s'écrit alors simplement :

$$v_c = \frac{J_{34} a}{8} \tag{3.29}$$

Ainsi pour une valeur raisonnable de $J_{34}/2\pi = 0,42 J_{33}/2\pi = 0,23$ MHz, on obtient une vitesse crique d'environ 70 μm/s, en très bon accord avec la vitesse critique de dislocations que nous avons mesurée.

Bien que satisfaisant, ce raisonnement contient deux hypothèses contestables. La première est l'utilisation de la relation d'Einstein qui s'applique normalement dans le cas d'une diffusion thermique classique. Il existe cependant des variations de cette loi pour des systèmes quantiques mais un calcul plus long et plus fastidieux serait nécessaire. Le seconde hypothèse contestable est la supposition d'une marche aléatoire pour l'atome d'^{3}He dans le puits de potentiel de la dislocation. Comme la théorie de ce mouvement n'a pas encore été faite, ce choix nous a paru être le plus général. Intéressons nous pour finir au paysage énergétique autour de la dislocation.

3.4.4.5 Énergie de piégeage des impuretés

Nous nous intéressons ici au champ de pression autour des dislocations dans le cas de l'^{4}He solide, et à l'énergie de piégeage des impuretés d'^{3}He dans ce champ, le but étant de comprendre l'origine de l'énergie d'activation mesurée à 0,67 K.

Notons $\Delta E_3(V)$ la différence d'énergie cinétique de point zéro (EPZ) entre un ^{3}He et un ^{4}He qui dépend du volume disponible V. Elle s'écrit :

$$\Delta E_3 = \frac{\hbar^2}{2a^2}\left(\frac{1}{m_3} - \frac{1}{m_4}\right) \propto V^{-2/3} \qquad (3.30)$$

Dans le cas d'une dislocation produisant un changement de volume ΔV, l'énergie de piégeage d'une impureté d'^{3}He sur cette dernière est donnée par les différences d'EPZ :

$$U_3(r,\theta) = \Delta E_3(V + \Delta V) - \Delta E_3(V) = \frac{\partial \Delta E_3}{\partial V}\Delta V = -\frac{2}{3}\frac{\Delta V}{V}\Delta E_3 \qquad (3.31)$$

Prenons le cas d'une dislocation coin dont le plan de glissement est le plan de base de la structure hexagonale. Nous avons vu au Chapitre 1.1 que le champ de pression $p(r,\theta)$ pouvait s'écrire :

$$p(r,\theta) = -\frac{\mu b}{3\pi}\frac{1+\nu}{1-\nu}\frac{\sin\theta}{r} \qquad (3.32)$$

La déformation volumique $\frac{\Delta V}{V}$ autour de la dislocation est $p(r,\theta)K$ où $K = \frac{3}{2}\frac{1-2\nu}{(1+\nu)\mu}$ est la compressibilité. On a alors :

$$\frac{\Delta V}{V} = -\frac{1-2\nu}{2\pi(1-\nu)}\frac{b\sin\theta}{r} \qquad (3.33)$$

De plus, l'EPZ de l'hélium-4 solide a été mesurée à 25 bars par Diallo *et al.* et vaut environ 23 K [141]. Ainsi, l'énergie supplémentaire d'un atome d'^{3}He serait $\Delta E_3 = \frac{4 \times 23}{3} - 23 = 7,7$ K. En prenant aussi $b = 3,7$ Å et $\nu = 0,33$, on obtient :

$$U_3(r,\theta) = \frac{1,53 \times 10^{-10}\sin\theta}{r} \quad \text{(kelvin)} \qquad (3.34)$$

Nous devons cependant modifier cette équation pour r proche de zéro afin d'éviter que l'énergie diverge. Si r_c est la rayon du cœur de la dislocation, le potentiel pour $r < r_c$ est donné par :

$$U_3(r,\theta) = \frac{2V_0 r \sin\theta}{r^2 + r_c^2} \quad \text{avec} \quad V_0 = 1,53 \text{ K} \tag{3.35}$$

Ainsi, le minimum du potentiel et atteint pour $\theta = \pi/2$ et $r = r_c$ est vaut V_0/r_c.

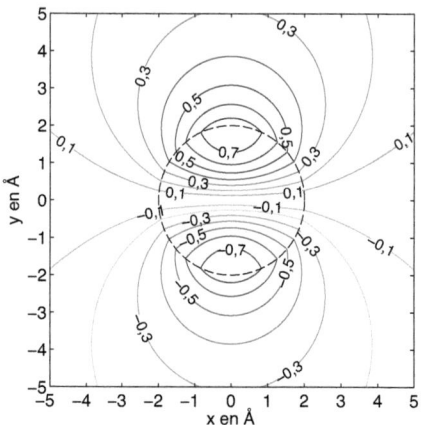

FIGURE 3.21 – Énergies de piégeage des atomes d'^{3}He autour d'une dislocation coin positive (située en (0,0)) dans un cristal d'^{4}He selon les équations 3.34 et 3.35 dans le cas $r_c = 2$ Å. Les lignes de couleur représentent les équipotentielles et les valeurs sont en kelvin. Le rond en pointillé représente le cœur de la dislocation.

La Figure 3.21 montre l'allure des énergies de piégeage des atomes d'^{3}He autour d'une dislocation coin positive dans un cristal d'^{4}He dans le cas $r_c = 2$ Å. Cette taille de cœur choisie arbitrairement est celle que nous avons communément utilisée au long du manuscrit. Le minimum du potentiel dans ce cas là vaut donc 0,765 K, il est atteint pour $r = 2$ Å. On remarque que pour une telle valeur de cœur, on retrouve une énergie de piégeage minimum très proche des énergies d'activations mesurées par notre groupe (0,67 K) ou par le groupe de Beamish (0,73 K et 0,77 K). Même si cela ne fournit pas une preuve que l'énergie d'activation est l'énergie de piégeage, le bon ordre de grandeur indique qu'il y a bien un lien possible entre les deux.

De plus, comme on peut le voir sur la Figure 3.21, l'énergie de piégeage diminue très rapidement quand on s'éloigne de la dislocation. Elle ne vaut plus que 0,3 K à seulement 2,5 Å soit à 1,25 fois le rayon de cœur. Cela semble indiquer que le champ de déformation autour des dislocations dans le cas de l'^{4}He solide est très étroit et qu'au-delà d'une rangée atomique, l'impureté d'^{3}He n'est plus piégée. Par conséquent, il semble peu concevable que les impuretés forment une atmosphère autour de la dislocation. On imagine plutôt une ligne unique ou double d'impuretés liées autour du cœur et dont l'énergie de piégeage est très proche de l'énergie minimum. Dans ce cas il paraît difficile d'avoir une distribution d'énergie comme l'ont proposé Syshchenko et al. [76]. On pourrait par contre introduire une distribution de longueurs de lignes de dislocation qui remplacerait la distribution d'énergie de piégeage et pourrait jouer le même rôle pour l'interprétation de la largeur du pic de dissipation qui posait problème à Syshchenko et al.. Les études actuellement en cours dans notre laboratoire tentent d'utiliser un tel modèle et une telle distribution de longueur afin d'ajuster les calculs aux mesures. Les premiers résultats sont très satisfaisants et ils arrivent à reproduire tant la variation du module de cisaillement que celle de la dissipation (largeur et hauteur) en fonction de la température et de la fréquence et de l'amplitude.

Il est important ici de discuter des erreurs et des approximations faites pour ce calcul. L'erreur principale provient du fait que nous considérons pour l'interaction la différence des EPZ entre l'^{3}He et l'^{4}He dans deux champs de pression différents mais en considérant le même volume molaire. De plus nous ne considérons pas que l'^{3}He lui produit lui-même une déformation qui dépend du champ de pression et du volume molaire et qui plus est anisotrope dans un cristal d'^{4}He. Klemens et al. [142] ont calculé cette déformation induite par une impureté d'^{3}He dans l'^{4}He et ont trouvé une déformation d'environ 10%. Les mesures de Landesman par RMN ont toutefois permis d'obtenir une déformation légèrement plus faible de l'ordre de 2% [143]. Ainsi une autre façon de calculer l'énergie de piégeage U_3 consisterait à comparer la déformation induite par l'^{3}He dans la masse du cristal et celle induite proche de la dislocation. Mais alors on ne prendrait pas en compte l'évolution des EPZ car il nous manque pour cela sa dépendance en fonction de la pression. Pour être rigoureux nous aurions donc besoin d'une mesure de l'EPZ de l'^{3}He dans l'^{4}He en fonction de la pression et du volume molaire.

Notons enfin que nous avons choisi ici le cas d'une dislocation coin parfaite. On pourrait faire le même calcul pour une dislocation coin partielle. Il suffirait, en première approximation, de réduire b à $a/\sqrt{3}$ au lieu de a, le paramètre de maille. Cela diminuerait d'autant les énergies de piégeage. Mais dans ce cas là, il faudrait aussi prendre en compte que le champ de déformation est différent du coté de la dislocation qui contient un défaut d'empilement.

3.5 Conclusion et perspectives

Nous avons beaucoup progressé dans notre compréhension du mouvement des dislocations dans l'^{4}He solide. Désormais, nous connaissons la direction de leur déplacement et nous avons beaucoup appris sur leurs interactions avec les impuretés d'^{3}He ou avec les phonons thermiques. Nous avons mesuré avec précision leur longueur et leur densité donc leur connectivité. Les discussions apportées par ces découvertes sont nombreuses et amènent à d'autres questions pour lesquelles nous avons donné des pistes d'interprétation.

Cependant, de nombreuses études n'apparaissent pas dans ce chapitre de résultats car leurs interprétations sont encore trop incertaines. Citons par exemple l'étude des cristaux de "type 1" à l'équilibre avec liquide. Leur comportement est très intéressant car l'élasticité du cristal évolue en deux paliers successifs lors du réchauffement, d'abord à basse température, autour de 0,1 K, attribué à la libération des dislocations qui peuvent glisser dans les plans de base, puis à plus haute température, autour de 0,6 K, attribué au mouvement des jogs ou de marches sur les défauts d'empilement entre partielles que l'on peut créer par des contraintes à basse température. Lors du refroidissent, le module de cisaillement de ces cristaux passe par un minimum autour de 80 mK avant d'augmenter vers sa valeur rigide, qui n'est pas sans rappeler les observation de Hallock dans ses expériences d'écoulement de masse. De plus l'étude des cristaux de "type 1" frais de croissance est un autre domaine méconnu mais qui permettrait par exemple d'étudier les *dislocations penchées* introduites par Kuklov. Enfin nous n'avons pas parlé ici d'une série d'études visant à mesurer l'évolution du module de cisaillement pendant des temps très longs. Il apparaît que la relaxation vers un cristal plus rigide évolue logarithmiquement avec le temps ce qui tend à être interprété comme un vieillissement, peut-être une migration des impuretés vers des puits plus profonds. En effet de telles évolutions ont déjà été observées dans du fer contenant des impuretés de carbone.

Malheureusement ces mesures manquent de précision et leur interprétation est donc encore difficile voire hasardeuse. C'est pourquoi elles n'apparaissent pas dans ce manuscrit.

Conclusion

Nous avons mesuré les variations du module de cisaillement et de la dissipation générée par une déformation alternative dans différents cristaux d'^{4}He en dessous de 1 K ce qui nous a permis d'étudier les mouvements des dislocations dans ces cristaux. Nous avons préparé différents échantillons, des monocristaux de bonne qualité dont nous mesurons l'orientation et des polycristaux. Nous avons aussi étudié le mouvement des dislocations dans différents cristaux de même qualité mais d'orientations différentes.

Nous montrons qu'en l'absence d'impuretés, les dislocations se déplacent librement parallèlement aux plans de base de la structure hexagonale mais que ce mouvement disparaît à basse température à cause des impuretés d'^{3}He et à haute température à cause des collisions avec les phonons thermiques. Entre ces deux extrêmes, les dislocations oscillent sans dissipation sur de grandes distances, c'est pourquoi nous appelons cette région : plasticité géante. Le coefficient élastique c_{44} qui caractérise ce glissement parallèle aux plans de base est alors réduit de 50% à 80% suivant les types de cristaux. La dissipation due aux collisions avec les phonons thermiques nous fournit une méthode pour mesurer la densité et la longueur des dislocations et caractériser ainsi leur arrangement. Une fois leurs longueurs déterminées, nous avons pu mesurer leurs vitesses et montrer que lorsqu'elles sont habillées d'impuretés d'^{3}He, les dislocations possèdent une vitesse critique en dessous de laquelle les impuretés suivent la dislocation et amortissent son mouvement. Au-dessus de cette vitesse qui est d'environ 60 μm/s, les impuretés piègent la dislocation et réduisent sa longueur libre. Dans les deux cas, le cristal durcit à cause des impuretés d'^{3}He mais dans le premier, la transition dépend de la fréquence et non dans le second. Les modèles de science de matériaux classique nous ont permis de donner des pistes d'interprétation pour ces observations mais à l'avenir un modèle complet de la dynamique des dislocations sera nécessaire.

Notre compréhension du mouvement des dislocations dans l'^{4}He a donc beaucoup progressé. Cependant, de nombreux aspects restent mal compris et nécessiteraient des expériences plus précises. Actuellement en cours dans notre laboratoire, une étude des cycles en amplitude de déformation sur des cristaux d'^{4}He à différentes températures devrait permettre d'ajuster un modèle capable de décrire la variation du module de cisaillement et de la dissipation dans toute la gamme de températures (de 20 mk à 1 K) en incluant une distribution de longueurs de dislocations. Un tel résultat permettrait de confirmer de façon globale, l'ensemble de nos observations et leurs interprétations.

Dans le cas de l'^{4}He solide, une autre question importante est de savoir comment on pourrait distinguer entre les effets de dislocations coins et vis. De plus qu'en-est-il des dislocations partielles qui semblent faciles à former dans une structure où l'énergie des défauts d'empilement est très faible. Pour cela, il serait intéressant de réussir à préparer des cristaux de très haute qualité avec quelques dislocations à peine, voire même zéro dislocation. De tels cristaux ont déjà été obtenus à l'échelle millimétrique. Dans notre cas nous voudrions préparer des cristaux de plusieurs centimètres pour pouvoir les étudier ensuite. Nous avons conçu avec Nabil Garroum et Fabien Souris ainsi que les ateliers du LPS-ENS évidemment, une cellule dont la cavité est polie et exempte de toute aspérité visible. Les transducteurs piézoélectriques qui serviront à la mesure sont fixés à l'extérieur, couplés à de fines membranes derrière la surface de la cavité. La croissance devrait être homogène et sans sursauts et nous espérons ainsi atteindre le cristal parfait.

FIGURE 3.22 – Future cellule pour la croissance de cristaux parfaits dans laquelle les transducteurs sont situés à l'extérieur de la cavité acoustique couplés à de fines membranes. La cavité ne possède pas d'aspérité visible, de plus elle est finement polie pour permettre une croissance la plus régulière possible.

Bibliographie

[1] J. Friedel, *Dislocations* (Pergamon, New York, 1964).
[2] V. Volterra, *Annales Scientifiques de l'Ecole Normale Supérieure* **24**, 401 (1907).
[3] J. P. Hirth, J. Lothe, *Theory of Dislocations* (McGraw-Hill, New York, 1968).
[4] R. Peierls, *Proceedings of the Physical Society* **52**, 34 (1940).
[5] F. R. N. Nabarro, *Proceedings of the Physical Society* **58**, 256 (1947).
[6] G. I. Taylor, *Proceedings of the Physical Society. Section A* **145**, 362 (1934).
[7] W. K. Burton, N. Cabrera, F. C. Frank, *Philosophical Transactions of the Royal Society of London A* **243**, 299 (1951).
[8] F. C. Frank, *Advances in Physics* **1**, 91 (1952).
[9] C. G. Darwin, *Philosophical Magazine* **27**, 315 (1914).
[10] E. Varoquaux, *Physical Review B* **86**, 064524 (2012).
[11] N. F. Mott, *Philosophical Magazine* **43**, 1151 (1952).
[12] J. Friedel, C. Boulanger, C. Crussard, *Acta Metallurgica* **3**, 380 (1955).
[13] J. Friedel, *Philosophical Magazine* **44**, 444 (1953).
[14] G. Bradfield, H. Pursey, *Philosophical Magazine* **44**, 437 (1953).
[15] J. M. Burgers, *Proc. Kon. Ned. Akad. Wet.* **42**, 293 (1939).
[16] M. J. Druyvesteyn, O. F. Z. Schannen, E. C. J. Swaving, *Physica* **25**, 1271 (1959).
[17] A. H. Cottrell, M. A. Jaswon, *Proceeding of the Royal Society of London A* **199**, 104 (1949).
[18] B. Chalmers, *Proceeding of the Royal Society of London A* **156**, 427 (1936).
[19] A. V. Granato, K. Lucke, *Journal of Applied Physics* **27**, 583 (1956).
[20] J. S. Koehler, *Imperfections in Nearly Perfect Crystals* (John Wiley and Sons Inc, New York, 1952), pp. 197–212.
[21] A. Blandin, J. Friedel, G. Saada, *Journal de Physique* **27**, 128 (1966).
[22] H. Suzuki, *Journal of the Physical Society of Japan* **17**, 322 (1962).
[23] A. H. Cottrell, *Journal of the Mechanics and Physics of Solids* **1**, 53 (1952).
[24] J. F. Allen, A. D. Misener, *Nature* **141**, 75 (1938).
[25] P. Kapitza, *Nature* **141**, 74 (1938).
[26] M. Wolfke, W. H. Keesom, *Proc. Amst.* **31**, 81 (1927).
[27] L. Tisza, *Nature* **141**, 913 (1938).
[28] E. L. Andronikashvili, *Journal of Physics (Moscow)* **10**, 201 (1946).
[29] S. Balibar, *Journal of Low Temperature Physics* **146**, 441 (2007).
[30] E. A. Mason, W. E. Rice, *The Journal of Chemical Physics* **22**, 522 (1954).
[31] F. A. Lindemann, *Physik Z* **11**, 609 (1911).
[32] C. A. Burns, E. D. Isaacs, *Physical Review B* **55**, 5767 (1997).
[33] A. F. Andreev, A. Y. Parshin, *Sov. Phys. JETP* **48**, 763 (1978).

[34] K. O. Keshishev, A. Y. Parshin, A. V. Babkin, *JETP Letters* **30**, 63 (1979).
[35] K. O. Keshishev, A. Y. Parshin, A. V. Babkin, *Sov. Phys. JETP* **53**, 362 (1981).
[36] D. J. Thouless, *Annals of Physics* **52**, 403 (1969).
[37] A. F. Andreev, I. M. Lifshitz, *Sov. Phys. JETP* **29**, 1107 (1969).
[38] L. Reatto, *Physical Review* **183**, 334 (1969).
[39] G. V. Chester, *Physical Review A* **2**, 256 (1970).
[40] A. J. Leggett, *Physical Review Letters* **25**, 1543 (1970).
[41] O. Penrose, L. Onsager, *Physical Review* **104**, 576 (1956).
[42] E. Kim, M. H. W. Chan, *Nature* **427**, 225 (2004).
[43] E. Kim, M. H. W. Chan, *Science* **305**, 1941 (2004).
[44] S. Balibar, F. Caupin, *Journal of Physics : Condensed Matter* **20**, 173201 (2008).
[45] S. Balibar, *Nature* **464**, 176 (2010).
[46] P. V. E. McClintock, *Cryogenics* **18**, 201 (1978).
[47] J. P. Franck, R. Wanner, *Physical Review Letters* **25**, 345 (1970).
[48] R. H. Crepeau, O. Heybey, D. M. Lee, S. A. Strauss, *Physical Review A* **3**, 1162 (1971).
[49] D. S. Greywall, *Physical Review B* **16**, 1291 (1977).
[50] A. R. Allen, M. G. Richards, J. Schratter, *Journal of Low Temperature Physics* **47**, 289 (1982).
[51] J. Schratter, A. R. Allen, M. G. Richards, *Journal of Low Temperature Physics* **57**, 179 (1984).
[52] N. S. Sullivan, *Applied Magnetic Resonance* **8**, 361 (1995).
[53] D. Y. Kim, J. West, T. Engstrom, N. Mulders, M. H. W. Chan, *Physical Review B* **85**, 024533 (2012).
[54] D. S. Greywall, *Physical Review A* **3**, 2106 (1971).
[55] I. Iwasa, et al., *Journal of Low Temperature Physics* **100**, 147 (1995).
[56] G. Agnolet, D. McQueeney, J. Reppy, *Physical Review B* **39**, 8934 (1989).
[57] D. J. Bishop, M. A. Paalanen, J. Reppy, *Physical Review B* **24**, 2844 (1981).
[58] A. Rittner, J. Reppy, *Physical Review Letters* **101**, 155301 (2008).
[59] B. Hunt, et al., *Science (New York, N.Y.)* **324**, 632 (2009).
[60] E. J. Pratt, et al., *Science (New York, N.Y.)* **332**, 821 (2011).
[61] Y. Aoki, J. Graves, H. Kojima, *Physical Review Letters* **99**, 015301 (2007).
[62] M. Kondo, S. Takada, Y. Shibayama, K. Shirahama, *Journal of Low Temperature Physics* **148**, 695 (2007).
[63] A. Penzev, Y. Yasuta, M. Kubota, *Physical Review Letters* **101**, 065301 (2008).
[64] H. Choi, D. Takahashi, K. Kono, E. Kim, *Science* **330**, 1512 (2010).
[65] D. E. Zmeev, A. I. Golov, *Physical Review Letters* **107**, 065302 (2011).
[66] A. D. Fefferman, et al., *Physical Review B* **85**, 094103 (2012).
[67] B. Fraass, P. Granfors, R. Simmons, *Physical Review B* **39**, 124 (1989).
[68] M. Boninsegni, et al., *Physical Review Letters* **97**, 080401 (2006).
[69] N. V. Prokof'ev, *Advances in Physics* **56**, 381 (2007).
[70] M. Rossi, E. Vitali, D. E. Galli, L. Reatto, *Journal of physics. Condensed matter : an Institute of Physics journal* **22**, 145401 (2010).
[71] D. E. Galli, L. Reatto, *Journal of the Physical Society of Japan* **77**, 111010 (2008).
[72] J. C. Day, J. R. Beamish, *Nature* **450**, 853 (2007).

BIBLIOGRAPHIE 129

[73] J. C. Day, O. Syshchenko, J. R. Beamish, *Physical Review B* **79**, 214524 (2009).
[74] J. C. Day, O. Syshchenko, J. R. Beamish, *Physical Review Letters* **104**, 075302 (2010).
[75] I. Iwasa, H. Suzuki, *Journal of the Physical Society of Japan* **49**, 1722 (1980).
[76] O. Syshchenko, J. C. Day, J. R. Beamish, *Physical Review Letters* **104**, 195301 (2010).
[77] X. Rojas, A. Haziot, V. Bapst, S. Balibar, H. J. Maris, *Physical Review Letters* **105**, 145302 (2010).
[78] C. Pantalei, X. Rojas, D. O. Edwards, H. J. Maris, S. Balibar, *Journal of Low Temperature Physics* **159**, 452 (2010).
[79] Y. Mukharsky, A. Penzev, E. Varoquaux, *Physical Review B* **80**, 140504 (2009).
[80] J. Reppy, *Physical Review Letters* **104**, 255301 (2010).
[81] H. J. Maris, S. Balibar, *Journal of Low Temperature Physics* **162**, 12 (2011).
[82] A. C. Clark, J. Maynard, M. H. W. Chan, *Physical Review B* **77**, 184513 (2008).
[83] H. J. Maris, *Physical Review B* **86**, 020502 (2012).
[84] J. R. Beamish, A. D. Fefferman, A. Haziot, X. Rojas, S. Balibar, *Physical Review B* **85**, 180501 (2012).
[85] H. Choi, D. Takahashi, K. Kono, E. Kim, *Science* **330**, 1512 (2010).
[86] D. Kim, et al., *Physical Review B* **83**, 052503 (2011).
[87] D. Y. Kim, M. H. W. Chan, *Physical Review Letters* **109**, 155301 (2012).
[88] M. Ray, R. B. Hallock, *Physical Review Letters* **100**, 235301 (2008).
[89] M. Ray, R. B. Hallock, *Physical Review B* **79**, 224302 (2009).
[90] M. Ray, R. B. Hallock, *Physical Review B* **84**, 144512 (2011).
[91] X. Lin, A. C. Clark, M. H. W. Chan, *Nature* **449**, 1025 (2007).
[92] A. Raccanelli, L. A. Reichertz, E. Kreysa, *Cryogenics* **41**, 763 (2001).
[93] R. L. Rusby, et al., *Journal of Low Temperature Physicsw temperature physics* **126**, 633 (2002).
[94] D. S. Greywall, P. A. Busch, *Journal of Low Temperature Physics* **46**, 451 (1982).
[95] D. S. Greywall, *Physical Review B* **31**, 2675 (1985).
[96] D. S. Greywall, *Physical Review B* **33**, 7520 (1986).
[97] G. Schuster, A. Hoffmann, D. Hechtfischer, *PTB-96, the ultra-low temperature scale of PTB* (Bericht, Braunschweig, 2005).
[98] G. C. Straty, E. D. Adams, *Review of Scientific Instruments* **40**, 1393 (1969).
[99] V. Goudon, Magnétisme nucléaire de l'3He liquide, Ph.D. thesis (2006).
[100] H. Franco, J. Bossy, H. Godfrin, *Cryogenics* pp. 477–483 (1984).
[101] J. W. Ekin, *Experimental Techniques for Low Temperature Measurements* (Oxford University Press, Oxford, 2006).
[102] F. Wang, W. Shi, S. W. Or, X. Zhao, H. Luo, *Materials Chemistry and Physics* **125**, 718 (2011).
[103] X. L. Zhang, Z. X. Chen, L. E. Cross, W. A. Schulze, *Journal of Materials Science* **18**, 968 (1983).
[104] S. Sasaki, F. Caupin, S. Balibar, *Journal of Low Temperature Physics* **153**, 43 (2008).
[105] S. Balibar, *Journal of Low Temperature Physics* **129**, 363 (2002).
[106] S. Balibar, *Review of Modern Physics* **77**, 317 (2005).
[107] J. P. Ruutu, et al., *Physical Review Letters* **76**, 4187 (1996).
[108] J. P. Ruutu, P. J. Hakonen, A. V. Babkin, A. Y. Parshin, G. Tvalashvili, *Journal of Low Temperature Physics* **112**, 117 (1998).

[109] D. O. Edwards, S. Balibar, *Physical Review B* **39**, 4083 (1989).
[110] I. Iwasa, K. Araki, H. Suzuki, *Journal of the Physical Society of Japan* **46**, 1119 (1979).
[111] A. Haziot, A. D. Fefferman, J. R. Beamish, S. Balibar, *Physical Review B* **87**, 060509 (2013).
[112] J. C. Day, J. R. Beamish, *Journal of Low Temperature Physics* **166**, 33 (2012).
[113] H. J. Maris, S. Balibar, *Journal of Low Temperature Physics* **160**, 5 (2010).
[114] L. Proville, D. Rodney, M.-C. Marinica, *Nature Materials* **11**, 845 (2012).
[115] T. Vegge, et al., *Physical Review Letters* **86**, 1546 (2001).
[116] P. Nozières, *The European Physical Journal B - Condensed Matter* **386**, 383 (2001).
[117] E. Rolley, E. Chevalier, C. Guthmann, S. Balibar, *Physical Review Letters* **72**, 872 (1994).
[118] E. Rolley, C. Guthmann, E. Chevalier, S. Balibar, *Journal of Low Temperature Physics* **99**, 851 (1995).
[119] P. W. Anderson, *Journal of Low Temperature Physics* **169**, 124 (2012).
[120] D. Hull, D. J. Bacon, *Introduction to Dislocations* (Elsevier, Oxford, 2000).
[121] B. Legrand, *Philosophical Magazine B* **49**, 171 (1984).
[122] J. P. Franck, W. B. Daniels, *Physical Review Letters* **44**, 259 (1980).
[123] H. J. Junes, H. Alles, M. S. Manninen, A. Y. Parshin, I. A. Todoshchenko, *Journal of Low Temperature Physics* **153**, 244 (2008).
[124] S. Soyler, A. B. Kuklov, L. Pollet, N. V. Prokof'ev, B. V. Svistunov, *Physical Review Letters* **103**, 175301 (2009).
[125] S. Sasaki, F. Caupin, S. Balibar, *Physical Review Letters* **99**, 205302 (2007).
[126] M. Boninsegni, et al., *Physical Review Letters* **99**, 035301 (2007).
[127] S. I. Shevchenko, *Soviet Journal of Low Temperature Physics* **13**, 61 (1987).
[128] Y. Vekhov, R. B. Hallock, *Physical Review Letters* **109**, 045303 (2012).
[129] F. Tsuruoka, Y. Hiki, *Physical Review B* **20**, 2702 (1979).
[130] G. Lengua, J. M. Goodkind, *Journal of low temperature physics* **79**, 251 (1990).
[131] M. A. Paalanen, D. J. Bishop, H. W. Dail, *Physical Review Letters* **46**, 664 (1981).
[132] R. Wanner, I. Iwasa, *Solid State Communications* **18**, 853 (1976).
[133] V. Tsymbalenko, *Sov. Phys. JETP* **49**, 859 (1979).
[134] T. Ninomiya, *Journal of the Physical Society of Japan* **36**, 399 (1974).
[135] E. S. H. Kang, D. Y. Kim, H. C. Kim, E. Kim, *Physical Review B* **87**, 094512 (2013).
[136] I. Iwasa, *Physical Review B* **81**, 104527 (2010).
[137] I. Iwasa, *Journal of Low Temperature Physics* **171**, 30 (2013).
[138] X. Rojas, A. Haziot, S. Balibar, *Journal of Physics : Conference Series* **400**, 012062 (2012).
[139] A. H. Cottrell, *Dislocations and Plastic Flow in Crystals* (Oxford University Press, London, 1956).
[140] A. S. Nowick, B. S. Berry, *Anelastic relaxation in crystalline solids* (Academic Press, New York, 1972).
[141] S. O. Diallo, J. V. Pearce, R. T. Azuah, H. R. Glyde, *Physical Review Letters* **93**, 075301 (2004).
[142] P. G. Klemens, R. De Bruyn Ouboter, C. Le Pair, *Physica* **30**, 1863 (1964).
[143] A. Landesman, *Physica B+C* **107**, 229 (1981).
[144] L. R. Corruccini, K. R. Mountfield, W. O. Sprenger, *The Review of scientific instruments* **49**, 314 (1978).
[145] E. R. Grilly, *Journal of Low Temperature Physics* **4**, 615 (1971).
[146] N. Nishiguchi, T. Nakayama, *Solid State Communications* **45**, 877 (1983).

Annexe A

Calculs nécessaires au MCT

A.1 Données techniques sur la cellule

La cavité

- Volume libre : $V_{\text{libre}} = 0{,}075$ cm^3
- Volume du fritté : $V_{\text{fritte}} = 0{,}06$ cm^3
- Surface du fritté : $S_{\text{fritte}} = 2200$ cm^2
- Diamètre du capillaire de remplissage : $d_{\text{capillaire}} = 0{,}8$ mm
- Épaisseur de la membrane : $e_{\text{membrane}} = 230$ μm

Les électrodes

- Diamètre : $d_{\text{electrode}} = 5$ mm
- Épaisseur : $e_{\text{electrode}} = 2$ mm
- Surface : $S_{\text{electrode}} = 19{,}6$ mm^2
- Capacité à pression nulle : $C_0 = 4{,}08$ pF
- Distance de séparation à pression nulle : $d_0 = 43$ μm

A.2 Calcul du temps de thermalisation

Soit un mélange liquide-solide subissant un réchauffement ΔQ. La variation du volume V de la pression P et de la température T est telle que :

$$\Delta Q = \Delta(n_l c_l + n_s c_s) + \Delta n_l (s_l - s_s) T \qquad (A.1)$$

$$\Delta V = \Delta n_l (v_l - v_s) - \Delta P (\kappa_l V_l + \kappa_s V_s) \qquad (A.2)$$

où n est le nombre de moles, c la capacité thermique molaire et κ la compressibilité. La capacité thermique effective est donnée par :

$$C_{\text{eff}} = \frac{\Delta Q}{\Delta T} = n_l c_l + n_s c_s + \frac{\Delta n_l (s_l - s_s)}{\Delta T} T \qquad (A.3)$$

132   ANNEXE A. CALCULS NÉCESSAIRES AU MCT

Température	100 mK	60 mK	20 mK
Volume molaire liquide ($cm^3.mol^{-1}$)	25,930	25,796	25,621
Compressibilité (atm^{-1})	$5,41 \times 10^{-3}$	$5,30 \times 10^{-3}$	$5,14 \times 10^{-3}$
$(dP/dT)_{melt}$ ($atm.K^{-1}$)	-21,96	-29,00	-37,85
Capacité thermique ($J.mol^{-1}.K^{-2}$)	24,4	14,88	2,72

TABLE A.1 – Capacités thermiques de l'^{3}He liquide calculées d'après les données de Grilly [145].

Température	100 mK	60 mK	20 mK
Nombre de mole liquide (mol)	$3,86^{-3}$	$3,88 \times 10^{-3}$	$3,90 \times 10^{-3}$
R_K Ag/^{3}He ($m^2.K.W^{-1}$)	6×10^1	3×10^2	4×10^3
Temps de thermalisation (s)	25,7	78,7	192,9

TABLE A.2 – Temps de thermalisation de l'^{3}He liquide. Les valeur des résistances de Kapitza sont extraites des travaux de Nishiguchi [146].

D'après l'équation A.2, on peut extraire $\Delta n_l = \frac{\Delta V + \Delta P(\kappa_l V_l + \kappa_s V_s)}{v_l - v_s}$. En remplaçant Δn_l dans A.3 et en utilisant la relation de Clausius-Clapeyron, $\frac{\Delta P}{\Delta T} = \frac{dP}{dT}\big|_m$ elt = $\frac{s_l - s_s}{v_l - v_s}$ on obtient :

$$C_{\text{eff}} = n_l c_l + n_s c_s + T \frac{dP}{dT} \left[\frac{\Delta V}{\Delta T} + \frac{dP}{dT} (\kappa_l V_l + \kappa_s V_s) \right] \quad (A.4)$$

Pour simplifier, on prendra $\Delta V = 0$, $n_s = 0$ et $V_s = 0$, on a donc :

$$c_{\text{eff}} = C_{\text{eff}}/n_l = c_l T \left(\frac{dP}{dT}\right)^2 (\kappa_l v_l) \quad (A.5)$$

En prenant $c_l = 36T$ $J.mol^{-1}.K^{-2}$ [144], on obtient alors pour différentes températures les capacités thermiques pour l'^{3}He (voir Tableau A.2).

Le temps de thermalisation est défini par $\tau = C_{\text{eff}} R_K / A$, où R_K est la résistance de Kapitza entre l'^{3}He et l'argent fritté. En considérant le volume d'^{3}He liquide de 0,075 cm^3 et la surface du fritté de 0,22 m^2, on obtient les temps de thermalisation contenu dans la Tableau A.2.

A.3   Calcul de la pression de collage

Si on note P la pression et z le déplacement, l'équation de la déformation du diaphragme est donnée par :

$$\nabla^2 \nabla^2 z = \frac{P}{D} \quad \text{avec} \quad D = \frac{Et^3}{12(1-\nu^2)} \quad (A.6)$$

où E est le module de Young du matériaux, ν son coefficient de Poisson et t son épaisseur. Dans une géométrie cylindrique, le déplacement ne dépend que de r, on

A.3. CALCUL DE LA PRESSION DE COLLAGE

peut donc intégrer selon r et on obtient :

$$z(r) = \frac{-P}{64D}(a^2 - r^2) \quad (A.7)$$

avec a le rayon de la surface du diaphragme. Au centre on obtient donc :

$$z(0) = \frac{-P}{64D}a^4 = \frac{-3}{16}\frac{a^4(1-\nu^2)}{Et^3}P \quad (A.8)$$

Pour obtenir le même déplacement du diaphragme que Greywall, il faut donc appliquer :

$$P_{nous} = \left(\frac{a_{Greywall}}{a_{nous}}\right)^4 \left(\frac{t_{nous}}{a_{Greywall}}\right)^3 P_{Greywall} \quad (A.9)$$

En prenant $P_{Greywall}$=44 bars [94], nous obtenons une pression de 38,7 bars.

A partir de l'équation A.8 on peut donc facilement relier la pression à la capacité C mesurée. Sachant que $C = \varepsilon_0 A/d$ avec d la distance entre les électrodes et A leur surface, on a donc :

$$C = \frac{-16Et^3\varepsilon_0 A}{3a^4(1-\nu^2)P} \quad (A.10)$$

Point n'est besoin d'espérer pour entreprendre, ni de réussir pour persévérer.

Guillaume d'Orange (1533-1584)

Oui, je veux morebooks!

i want morebooks!

Buy your books fast and straightforward online - at one of world's fastest growing online book stores! Environmentally sound due to Print-on-Demand technologies.

Buy your books online at
www.get-morebooks.com

Achetez vos livres en ligne, vite et bien, sur l'une des librairies en ligne les plus performantes au monde!
En protégeant nos ressources et notre environnement grâce à l'impression à la demande.

La librairie en ligne pour acheter plus vite
www.morebooks.fr

 VDM Verlagsservicegesellschaft mbH
Heinrich-Böcking-Str. 6-8   Telefon: +49 681 3720 174   info@vdm-vsg.de
D - 66121 Saarbrücken   Telefax: +49 681 3720 1749   www.vdm-vsg.de

Printed by Books on Demand GmbH, Norderstedt / Germany